西表島・紅露工房シンフォニー
自然共生型暮らし・文化再生の先行モデル

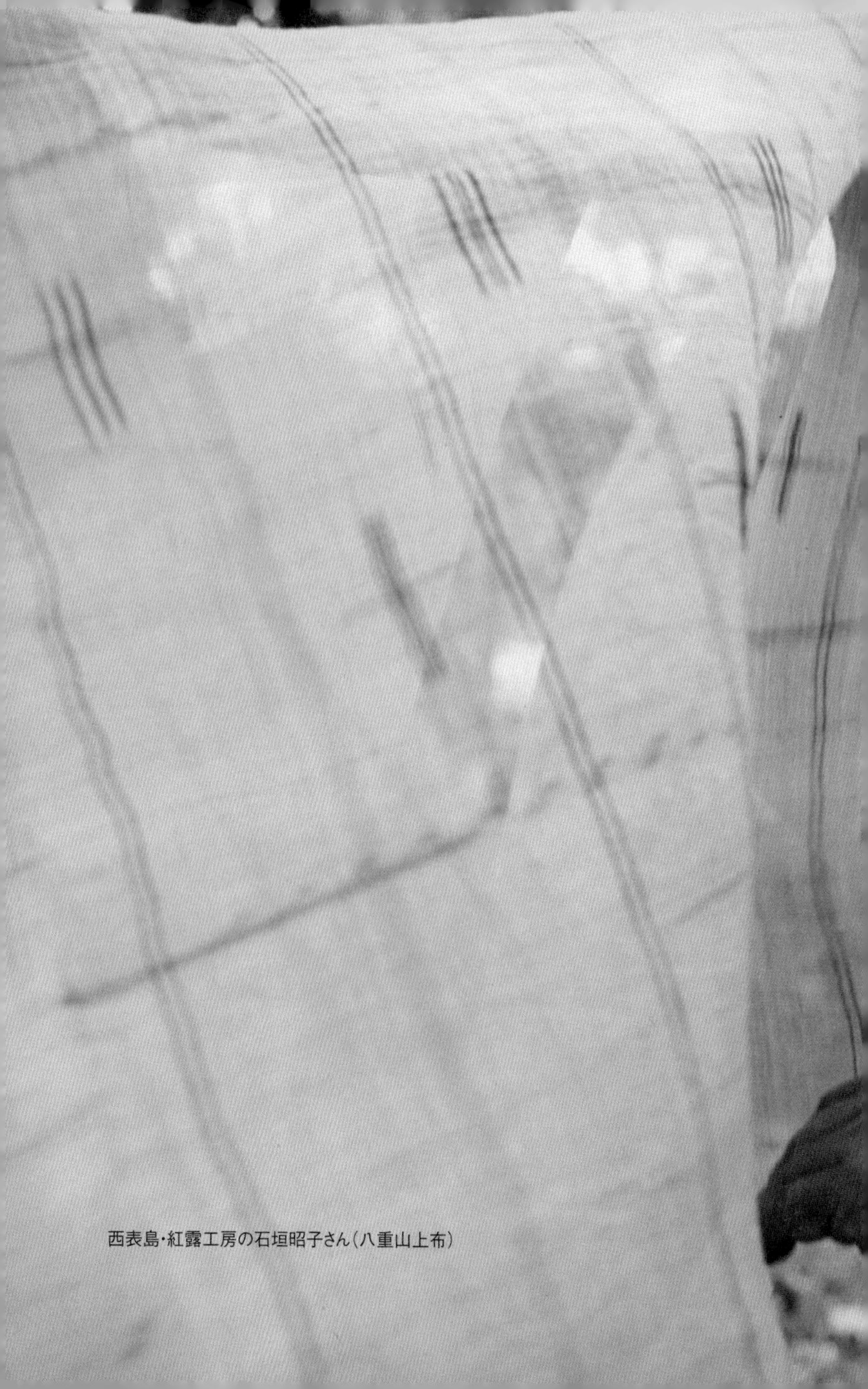

西表島・紅露工房の石垣昭子さん（八重山上布）

はじめに

この本は、西表島・紅露（クール）工房の石垣昭子さんと夫・金星さんの暮らしと仕事についてまとめたものだ。紅露工房を舞台にして、『地球交響曲第五番』をはじめ、いくつかの優れた映像作品がつくられている。しかし、これまでなぜか、紅露工房についてのまとまった書物は出版されなかった。

西表島に紅露工房が設立されたのは一九八〇年なので、昭子さんと金星さんは工房で、三五年以上の探究を重ねてきたことになる。二〇一八年に、昭子さんは八〇歳を迎えたといい、これまでの仕事の集大成をはかるとともに、若い世代に何をどのように引き渡していくかを強く意識する局面になっている。この本も、昭子さんと紅露工房が歩んできた道を振り返り、その到達点を確認する作業の一環といえる。

紅露工房にやってくる人の多くは、深い感銘を抱いて帰っていく。しかし、何に感動するかは、その人の関心や問題意識によってさまざまだ。また、これまで紅露工房との関わりがない人たちでも、これからの困難な時代をよりよく生きようとするさまざまな分野の人たちが、工房の経験から学ぶことも多いはずだ。そこで、この本では、紅露工房における石垣金星さん、昭子さんの暮らしと仕事はどのような点で独特で注目に値するのかを、できるだけ多様な視点から捉えるように工夫した。また、それぞれの視点を関連づけて、紅露工房の全体像を描くことをめざした。

紅露工房の魅力のひとつは、金星さん、昭子さんの暮らしと仕事は、つねに自然の巡りとともにあることだ。「第一章　紅露工房についての基本ポイント」では、一年間の季節の巡りと、集落の行事、糸づくり、染め、織りの仕事のサイクルを整理してある。それとともに、糸づくり、染め、織りの仕事のうち、紅露工房に特徴的な点について、簡略に解説した。

執筆者の一人である山本が東京を長く離れられない事情があったため、昭子さんに質問リストを送って詳しい返事を返送していただき、それを山本が編集したものを再び昭子さんに送って加筆・訂正をお願いするというやり方をとった。

「第二章　志村ふくみさんの工房での内弟子時代」「第三章　紅露工房の一九八〇年代」は、昭子さんが語ってくれたことをまとめたものだ。一九七〇年代に、昭子さんは京都の志村ふくみさんの内弟子となり、暮らしをともにしながら志村さんの仕事の仕方から多くを学んだ。第二章はこの時代についてのインタビューだ。

昭子さんは京都から竹富島に戻ったあと、一九八〇年に西表島に移り住み、約一〇年をかけて、徐々に紅露工房の環境をつくっていった。第三章では、この過程についての話をまとめてある。西表島では、染織の伝統がまったく途絶えていたので、染織の仕事の環境をゼロからつくり直したのだが、この過程で昭子さん自身の仕事にも大きな飛躍が起きた。志村ふくみさんは探究心に富む方で昭子さんもそれを学んでいるが、工房の環境づくりを進める過程で、志村さんが播いた種が発芽し、昭子さん流の探究のスタイルがつくりあげられていった。紅露工房では、多様な糸の素材（糸芭蕉、生糸、苧麻）と多様な染料植物が身近なところで育つような環境をつくっていった。昭子さん流の探究のスタイルは、こうした多様な素材や植物が近くにある環境と不可分な関係にある。糸素材にしても、染料植物にしても、媒染用の灰をつくる植物にしても、自分で育てることを通じて、プロセスの中で「ここをこう変えたらどうなるだろうか」というさまざまな新しいアイデアを思いつく。また身近なところで、さまざまな素材が育つ環境にいると、そういうアイデアをすぐに自分で試すことができる。たくさんのアイデアをもとにたくさんの実験を重ねることによって、糸素材や染料植物がもつ可能性を最大限に引き出すプロセスを、昭子さんは体得していった。

多様な素材が身近にある工房の環境と昭子さん流の探究のスタイルとの間にはどのような関係にあるのかについて、「第四章　紅露工房モデル」にまとめ直してある。

昭子さんの話によく出てくるのは、「こんなにモノがあふれかえっている時代、本当につくるに値するのはどんなモノだろうか」という問いかけだ。手仕事で手間ひまをかけているというだけでは、人々の心に強く訴える力をもつモノができるとはかぎらない。

現代社会では、あらゆるところに工業的な発想が浸透しているので、手織の仕事をする人が工業的に生産された糸を使っている場合も多い。しかし、工業生産に適した素材と手仕事に適した素材とはまったく違う。手仕事に適した素材はどんなものか、あらためて探究し直さなくてはならなくなっている。そして、自然な素材がもつ可能性を引き出すには、どのような方法がいいか、ひとつひとつのプロセスについての探究の積み重ねが必要だ。第四章では、こうした探究を経た昭子さんの「仕事の質」について、建築家、都市思想家のC・アレグザンダーの「生成的プロセス」という概念を手がかりにして整理を試みている。

日本列島の各地の山村・離島で進みつつある地域再生の活動の担い手たちにとっても、紅露工房の経験から学ぶことは多いと思われる。そうした学びを促すために、「第五章　〈自然共生型暮らし・文化再生〉の先行モデルとしての紅露工房」では、各地の地域再生の活動と紅露工房の経験との橋渡しを試みた。各地の地域再生の活動から出てきている有力な方向性のひとつを、「自然共生型暮らし・文化再生」と呼ぶことができる。紅露工房の経験は、そうした方向の地域再生の先行的なモデルのひとつとして位置づけることができる。

山村・離島の暮らしは、もともと、大都市の暮らしとは違った豊かさや創造性をもっている。しかし、過疎化の進行とともに、負の側面ばかりが意識されがちになってしまっている。地域再生のためには、もう一度、山村・離島ならではの豊かさ・創造性を見直すことが必要になる。紅露工房の経験は、そうした模索のためのよい手かがりとなると思われる。

昭子さん、金星さんの暮らしと仕事から多くを学んだ人たちが、西表とは別の場所で、紅露工房をモデルとし、それぞれの風土に根ざす工房づくりを試みつつある。「第六章　次世代の紅露工房」では、そうした試みの中から、異なる方向性をもつ三つの例を紹介する。

昭子さんには、染織の仕事は女性としての生き方の背骨になる、という考えがあるようだ。染織は、祖母や母から若い娘へと、代々引き継がれてきたが、それは単に苦労の多い仕事であるというだけでなく、女性を自然や社会と結びつける媒介となり、また自分と向き合う時間をもつことにもなる。また、染織の仕事は、女性どうしを結びつける媒介ともなる。そうした背景があるため、昭子さんが語りかけるとき、自分の人生について思い悩む女性たちを勇気づける力をもつ。愛媛県の「由良野の森」の鷲野陽子さんは、手仕事を通じて女性どうしのネットワークを拡げていくことをめざしていて、昭子さんのある側面を引き継いでいるのだと思われる。

「自給的暮らし＋諸文化の橋渡し」では、最近、紅露工房での研修を終えた櫛原織江さんをとりあげている。大学に入学する年に、三・一一の大震災と原発事故に遭遇した世代で、大量生産・大量消費の現代世界の危うさを痛感して、持続可能な自給的な暮らしをめざすようになり、そうした関心から紅露工房の研修生になった。故郷の山梨県に戻って、古民家を借りて自給的な暮らしができる環境づくりを進めるとともに、海外の各地に出かけて、手仕事を通じたワークショップなどの交流事業に携わりたいと、織江さんは考えている。

「ガンガ・マキ工房」は、インドのガンジス川上流域に真木千秋さんたちがつくった工房だ。千秋さんがはじめて紅露工房を訪ねた一九九〇年代はじめには、真木テキスタイル・スタジオを設立して、世界で活躍する織手として注目される存在になっていた。しかし、西表の自然に根ざす昭子さんの暮らしと仕事のあり方を知って強く心を動かされ、昭子さんに師事するようになった。ガンガ・マキ工房では、昭子さんの考え方を吸収して、身近なところに多様な繊維素材（羊毛、生糸）と染料植物が育つ環境をつくりつつある。インド版紅露工房の試みといえる。

はじめに

山本眞人

目次

本文写真　宮崎雅子および紅露工房

第一章

紅露工房についての基本ポイント

紅露工房の環境

一九九六年に紅露(クール)工房で開かれた国際交流ワークショップに参加したインド人の女性デザイナーは、「ここはアーティストにとって楽園だ」といった。糸芭蕉のような優れた繊維素材、紅露をはじめとするたくさんの植物染料が身近なところにあり、近くのヒルギが生える水辺はとても穏やかで美しく、工房の庭の木陰のハンモックで昼寝をすれば心地よい風が通り、鳥たちのさえずりが聞こえる。夜になれば泡盛と三線、八重山民謡が心にしみる。

こうした素晴らしい環境を紅露工房がつくりあげるまでには、それなりの苦労と紆余曲折があった。この本の主題のひとつは、紅露工房が形づくられる過程を詳しくたどり直すことだ。しかし、その前にここでは、紅露工房の環境を大づかみに描いてみることにする。

八重山諸島の中心に位置する石垣島は沖縄本島から約四〇〇km離れているので、飛行機でも約四五分かかる。紅露工房のある西表島に渡るには、石垣港からフェリーが出ている。

八重山諸島は、さまざまな異なる風土の島々からなる。竹富島のように隆起サンゴ礁の島は、平坦で大きな川がないので、雨が降らないと渇水になりやすい。それに対して、西表島は

西表島・紅露工房

古見岳をはじめ四〇〇m級の山々があり、亜熱帯林、照葉樹林に覆われている。浦内川、仲間川といった水量の豊かな川があるだけでなく、無数の小さな流れが、山から海へと流れ込んでいる。森林面積率八四%という数値からもわかるように、島の大部分は森林で、島の周囲の平坦な部分に道路がつけられ、集落が形成されて、耕作地や牧場ができている。

西表島の集落は、大きくは東部地区と西部地区に分かれているが、紅露工房があるのは西部地区だ。フェリーが着く上原港からマイクロバスで県道を西に一五分ほど走ると石垣金星さん〔一九四九年生まれ、完全無農薬の稲作に注力。三線の名手〕、昭子さん夫妻が住む祖納の集落に着く。紅露工房は、祖納集落より手前でマイクロバスを降りて、県道からちょっと山側に入ったところにある。もともと金星さんの家で田畑を耕作していたところで、作業小屋を改築して工房がつくられている。

紅露工房の作業領域とでもいうべき空間は、山、工房、庭、田畑、湊と、かなり多様な要素を含んでいる。中心には、工房の建物がある。工房の中には織機が置かれ、機織りなどの作業が室内で行われる。奥には、台所や便所がある。工房の周囲の庭は染色作業の場所になる。工房の北側に田畑が広がっている。畑では、糸芭蕉と桑、苧麻、インド藍などの染料植物が栽培される。田んぼでは、金星さんが稲作を行う。

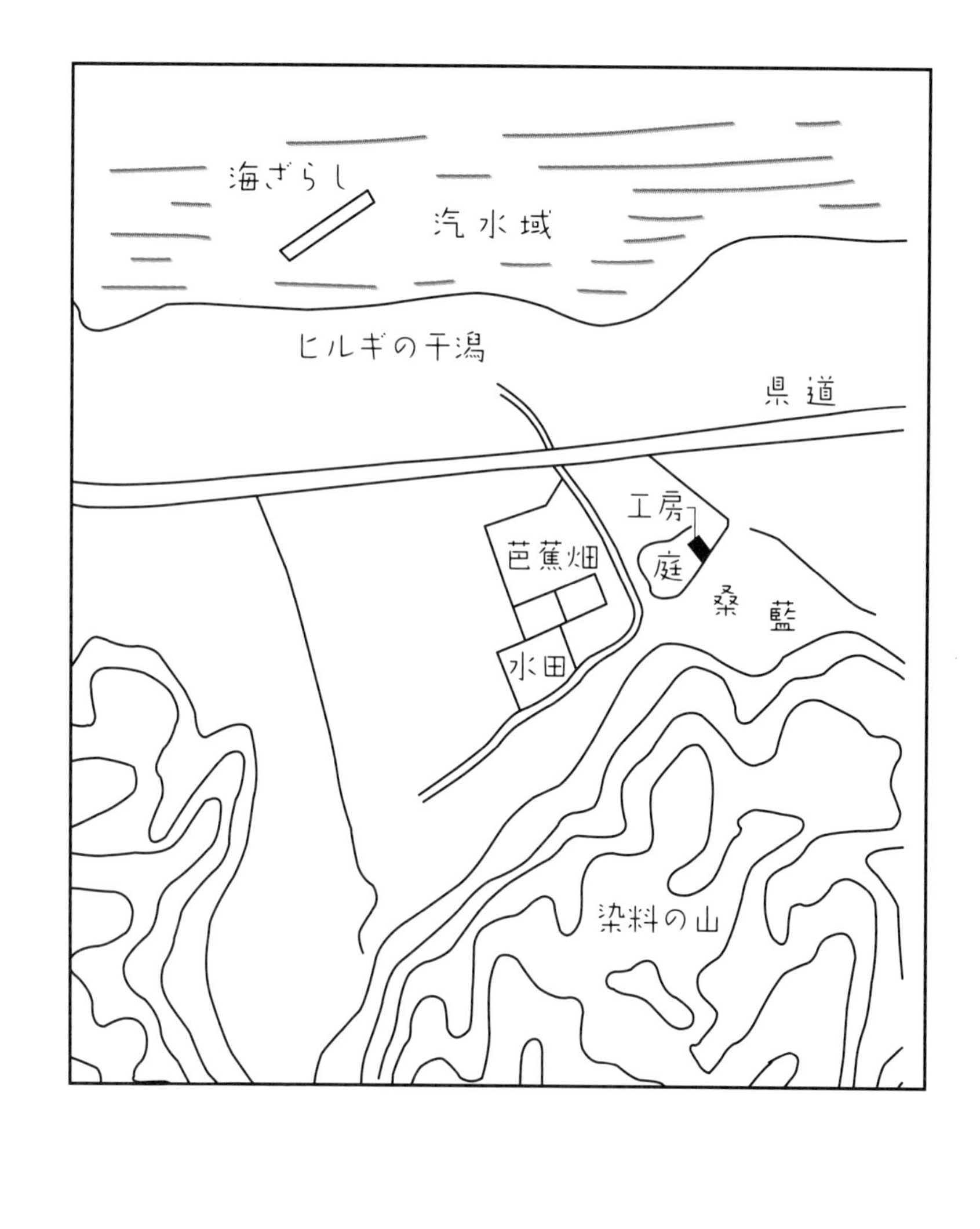

海ざらし
汽水域
ヒルギの干潟
県道
工房
庭
芭蕉畑
桑
藍
水田
染料の山

工房の南側に行くと道は山に入っていく。山では、紅露芋（クール）などの染料植物を金星さんが収集する。工房の水は、山から引いている。染色には、水質が重要なので、この山の水が紅露工房に不可欠な要素となっている。

工房の北側の県道を渡るとすぐに、穏やかな湊に出る。この湊では、浦内川から流れ込む真水と海水が混じり合っている。汽水域の水辺はヒルギが生えるきれいな砂浜になっている。この水辺の美しい景観は、ヒルギの植栽を続けてきた成果でもある。染めた布をこの汽水域で、海晒しの作業を行う。この場所で、布が「生まれる」。

紅露工房の一年

八重山諸島の季節感は、ヤマト（本土）とだいぶ違っている。冬でも一〇℃を下回ることはほとんどないのでヤマトの感覚での「寒さ」はないが、曇り空で風の強い日が多くなるので、重ね着をしたくなる。西表島の一二月、一月の日照時間は月に平均七五時間で、七月（二五〇時間）の三割に過ぎない。

四月になると日照時間が平均一二二時間とだいぶ長くなる。曇天の多い冬が終わって、気持ちのいい晴れの日が多くなり、生きものたちの活動が活発になる。

■　紅露工房の一年---行事と仕事のめぐり

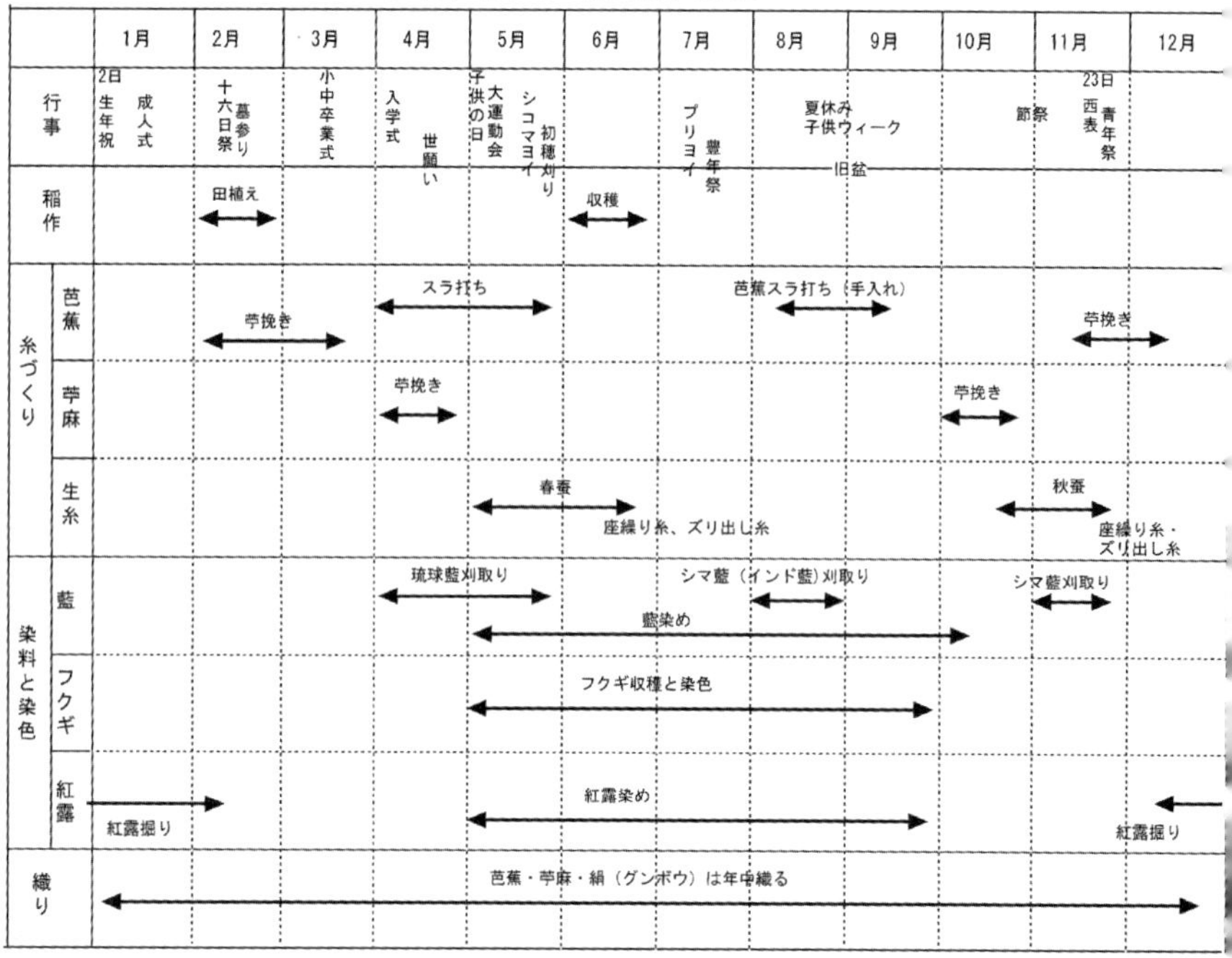

		1月	2月	3月	4月	5月	6月	7月	8月	9月	10月	11月	12月
行事		2日 生年祝 成人式	十六日祭 墓参り	小中卒業式	入学式 世願い	子供の日 大運動会 シコマヨイ 初穂刈り		プリヨイ 豊年祭	夏休み 子供ウィーク	旧盆	節祭	23日 西表青年祭	
稲作			田植え				収穫						
糸づくり	芭蕉		苧挽き		スラ打ち				芭蕉スラ打ち（手入れ）			苧挽き	
	苧麻				苧挽き						苧挽き		
	生糸					春蚕	座繰り糸、ズリ出し糸					秋蚕	座繰り糸・ズリ出し糸
染料と染色	藍				琉球藍刈取り	藍染め			シマ藍（インド藍）刈取り			シマ藍刈取り	
	フクギ					フクギ収穫と染色							
	紅露	紅露掘り				紅露染め							紅露掘り
織り		芭蕉・苧麻・絹（グンボウ）は年中織る											

この季節には、「春」というより「うりずん」「わかなつ」という言葉の方がぴったりくるだろう。五月になると、風向きも変わる。それまでは北東の風が多いが、南の風の日が多くなる。「真南風（マーパイ）」の季節だ。

七月、八月の真夏は晴れの日が多く、暑さが厳しくなる。そして、八月～九月にかけては、大きな台風が次々にやってくる。これが、八重山の暮らしで一番難儀なところだ。

西表では稲作の時期もヤマトとは大きな違いがある。一月二月に田植えをして、六月に収穫する。台風で稲がやられてしまうのを避けるために、台風の季節の前に収穫を終えるようになっている。

稲が結実する時期は、稲の霊を驚かしてはいけないので、三線などの鳴りものを控えなければならない、といわれている。収穫前の五月末頃に「初穂苅（シコマヨイ）」が行われ、これは集落の大事な行事のひとつになっている。

収穫後の7月に「豊年祭（プリヨイ）」がある。ヤマトの各地方の秋祭りにあたるものといっていいだろう。

もうひとつの重要な祭りとして、一〇～一一月に行われる「節祭（シチ）」がある。これは、八重山が琉球王朝の支配下に入る以前から続く、貴重な祭りだ。農民の正月にあたる。

（上）節祭に登場する弥勒様。衣装は昭子さんが復元した

芭蕉、苧麻の手入れ、養蚕と糸づくり、染料植物の栽培と染料づくり、染色、織りといった紅露工房の仕事の一年間のサイクルを表の形に描いてみた（二一ページ）。

まず仕事の季節ごとの特徴をおおまかに見ると、染色の仕事を行うのは、晴天の日が多い、四月中旬から一〇月にかけての時期になる。西表の強い日差しが鮮やかな発色を促すようだ。

他方、工房の室内での絹や苧麻の織りの仕事は、ほぼ一年中続けられる。ただ、芭蕉の糸は乾燥すると切れやすくなるので、梅雨の時期から夏場に織る。糸紡ぎは、年中ひまをみて続けられる。

繊維植物の仕事や養蚕は、主に冬、春、秋に行われている。

芭蕉は冬季の一二月から三月ごろに倒し（苧（ウー）倒し）、苧（ウー）挽きをする。また、七～九月まで「スラ打ち」と呼ばれる手入れをする。

苧麻は、八重山では年に四～五回収穫できるが、紅露工房では、春と秋に収穫している。年中苧績みをする。

養蚕は、五～六月に春蚕、一一月に秋蚕を育てる。繭の多いときは、座繰りで挽き、少ないときは、ズリ出しで挽いている。

染料植物のうち冬場に採集されるのは、紅露芋（ソメモノイモ）だ。紅露芋は山の中に自生しているものを掘るので、イノシシ猟の解禁の時期（一一月一五日〜二月一五日）に収穫している。イノシシが掘りおこしたクールを拾ってくる。イノシシがかじった芋は熟成しているものが多く、上等だ。

琉球藍の刈取り作業は、四〜五月に行う。シマ藍（インド藍）は、年に三回、六〜七月から刈り取り、泥藍にして貯える。また、生葉染めもする。

フクギは、台風の倒木から染料をとるやり方と、木が自分で修復できる程度に樹皮をはがしたり、枝を落としたりするやり方がある。後者の場合は、染色作業を行う夏場に行う。とりたての樹皮や枝を使って染めることもある。

紅露工房の仕事の特徴

植物染料や自然素材の糸を大事にする織手にとっては、自然食レストランのシェフのように、自分の気に入ったよい素材を揃えられる、よい調達ルートを確保することが重要だ。紅露工房の場合は、主な染料や糸を他から購入するのではなく、木綿などを別にすると基本的なものはすべて、自分たちの手でつくることができる環境を整えている点が特徴的だ。こうした環境づくりは、伝統的な技法にしたがうだけでなく、さまざまな新しい可能性を試してみる、探究心を大いに刺激することに、昭子さんは気づくようになった。

こうした独特な創造的環境を、紅露工房がつくりあげるに至った背景は、おおまかには、次のようなことがある。第一には、昭子さんが、京都の染織家、志村ふくみさんの内弟子になり、志村さんの染織の仕事のスタイルを学んだということだ。志村さんは、さまざまな植物を自分で採集したり、人から分けてもらって、さまざまな方法で染色の実験を重ね、植物染色の可能性を拡げていく。そうした探究心に富んだ方だ。昭子さんの染織の仕事には、そうしたあくなき探究の姿勢が受け継がれている。

もうひとつは、昭子さんが、染織の伝統がずっと継承されている竹富島から、伝統がまったく途絶えてしまった西表島に移り住んで、染織の仕事の環境をゼロからつくり直すことに挑戦したことだ。竹富島で、昭子さんは、伝統的な八重山上布の織手として、優れた技術を身につけていた。しかし、西表島では、伝統的な織物はとっくに姿を消していたので、より基本的なところから組み立て直す必要があった。そして、仕事の環境をつくり直す過程で、自然と染織の仕事、島の暮らしの関係、手仕事と現代人の生活の関係について、根本から考え直すことになった。

紅露工房の主な仕事

▽芭蕉の糸づくり

八重山の伝統的な産品として知られる八重山上布の糸は苧麻からつくられる。

昭子さんも竹富島で暮らした時期には、八重山上布を織っていた。昭子さんは一九八〇年に竹富島から西表島に移り住んだが、西表は竹富とは風土が違い、糸芭蕉が育ちやすく、伝統的に主に芭蕉布が織られていた。ただ、そうした伝統はだいぶ前に途絶えていた。そこで、金星さんと昭子さんが、西表島の糸芭蕉を復活させることになった。

沖縄本島でも戦乱のために、芭蕉布の伝統が途絶えてしまったが、戦後の復興の過程で、喜如嘉（キジョカ）の平良敏子さん〔一九二一年生まれ、染織家〕が芭蕉布を復活させた。昭子さんも、紅露工房の環境づくりの最初の時期に、平良さんを西表に呼んで、芭蕉の仕事についてはじめから教えてもらった。

喜如嘉の芭蕉布は、王朝向けに織られていた、もっとも細い糸だけを使った最高級の芭蕉布を復活させたものだった。しかし、昭子さんがめざしたのは、織りやすい絹糸や綿などと合わ

苧はぎの作業（糸にする部分）

せて、芭蕉の糸を身近に使えるようにできる、交布（グンボー）だった。そのため、紅露工房の糸づくりは、喜如嘉とは異なる部分がある。

糸芭蕉は、実芭蕉（生で食べられるバナナの実がなる）の親戚にあたる植物だ。植えつけてから約三〜五年で成熟し、これを倒して、幹の繊維から糸をとり出す。

糸づくりの仕事は、（a）苧（ウー）はぎ、（b）灰汁（あく）炊き、（c）苧（ウー）挽き、（d）苧（ウー）績みといった工程からなる。

（a）苧はぎ

倒した糸芭蕉の先端を下にして根元から、一枚一枚、皮をはいでいく。喜如嘉では、外から順に、「外皮（ウァーハー）」「中皮（ナハウー）」「内皮（ナハグー）」「芯（キャギ）」に分ける。

皮芭蕉

そして、着尺に使うのはこのうち内皮の四〜五枚だけだという。

それに対して、紅露工房では、「外皮（オーカァー）」「中皮（ナカカァー）」「芯（ビッチャー）」に分ける（これは竹富での伝統的呼称）。外皮は「皮芭蕉」と呼び、太い糸ができるのでインテリアなどを織るのに使っている。

中皮と芯を一緒にして、着尺を織るのに使

ビッチャー
ナカカァー
オーカァー

芭蕉の繊維区分図（竹富島）

田中俊雄/玲子
『沖縄織物の研究』p. 91

上布（苧麻）

苧挽きの作業

う。紅露工房では、芭蕉の糸と生絹を交ぜるので、喜如嘉とは異なる風合になる。

（b）灰汁炊き

着尺用には、中皮と芯を一緒にして、束ね、鍋に入れて灰汁で煮る。この苧炊きには、枯れた芭蕉の葉の灰汁を使うのがいいことがわかった。

（c）苧挽き

テープ状の苧を金属でつくったパイなどでしごき、不純物をとり除き、繊維部分だけが残るようにする。

（d）苧績み

水に浸してやわらかくした苧を爪先で細く裂き、ハタ結びまたはより継ぎで一本の糸にする。

▽ピラチカ養蚕

日本の近代化の過程で、生糸が日本の代表的な輸出産業となり、各地の農山村で養蚕業が盛んになった。明治以降の養蚕業は、近代的な製糸業の原料の供給を使命としたため、その目的にかなう蚕の品種が選ばれた。最近まで、蚕糸業法という法律によって、養蚕農家が飼育できる蚕の品種が指定されていた。収繭量が多く、繭糸が長く、均質な糸がつくりやすい品種が選別され、飼育できるのは、そうした品種に限られていた。

しかし、こうした工業的な生糸は、手織りには適さない。身体的リズムが織り込まれる手織りになじむのは、均質で個性のない糸ではなく生命感のある糸だ。そのため、蚕の品種を選ぶ基準も、工業生産用と手織り用では、当然、違ってくる。手織りに合う蚕の品種をあらためて探すことが必要になる。

紅露工房では、一九八〇年代に京都繊維大学教授だった故・四方正義先生に指導してもらい、織手が手がける養蚕の姿を求めて試行を重ねた。四方先生は、養蚕の専門家で、西表の琉球大学熱帯農業研究施設で、沖縄における養蚕技術の改良をテーマに研究していた。石垣島で産業としての養蚕の指導をするかたわら、紅露工房では、織手が自分で使う生糸を得るための小規模な養蚕のあり方を探ろうとした。

昭子さんにとっての関心事は、芭蕉の糸と絹糸の交布を織ることで、そのために、芭蕉と合う生糸をつくれる養蚕を見い出すことだった。

そこで、シマグワと熱帯桑を交配した品種をはじめ、さまざまな桑を植えて、育ち具合を調べた。また、さまざまな品種の蚕を飼育してみた。

そうした試行錯誤を経て、紅露工房に合う蚕の品種や飼育方法を見い出すことができた。

芭蕉と合わせるのに適した蚕は、例えばインドの黄繭のような品種で、家蚕の中では野生的で、セリシンを落とさずに使うとシャリシャリした感じの糸ができるものがいい。四方先生に頼んで、こうした特性をもつ品種を提供してもらうようになった。

飼育方法については、「ピラチカ養蚕」というやり方を先生の指導で、金星さんが学んだ。「ピラチカ」とは、西表の言葉で「ものぐさ」といった意味だ。産業としての養蚕はとても重労働だが、織手が自分で使う分の糸をつくる場合、同じやり方をする必要はない。そこで、四方先生の指導で、だいぶ手間を省ける方法を習得した。

蚕は脱皮を繰り返しながら、だんだん大きくなっていく。四回目の脱皮も終え、たくさん桑を食べたあと、糸を吐いて繭をつくるようになる。最初の脱皮までを一齢、最後の脱皮の後の時期を五齢と呼ぶ。五齢になると蚕は大きくなっていて、大量の桑を食べる。五齢の間に食べる桑の量は、一～四齢の間の合計の約七倍になる。糞の量もそれだけ多くなるので、掃除も大変だ。

ピラチカ養蚕の場合、五齢になると蚕を桑の立木に移してしまい、立木の桑の葉を勝手に食べてもらう。そうすれば、一日に何回も桑の葉を蚕座に供給する必要がなくなる。

五齢の蚕は、たくさん桑を食べたあと、繭をつくる場所を探してはい回るようになる。一般の養蚕の場合、こうした熟蚕を蔟（まぶし）に移す。この作業を「上蔟（じょうぞく）」という。蔟は、蚕がその中に入って足場をつくり、繭をつくるのに適した区画の並んだ構造をもつ。この上蔟はなかなか大変な作業だ。しかし、ピラチカ養蚕だと、蔟に移す必要はなく、蚕が立木の上に自分で繭をつくってくれる。この養蚕は、蚕がもっている本能をうまく生かしたものだといえる。

この方法の問題点は、立木に蚕を放したままだと、野鳥がやってきて食べてしまうことだ。そこで、立木をネットで覆って、野鳥が蚕を食べられないようにした。

ピラチカ養蚕だと、いちばん手間がかかる五齢以降の作業がずっと楽になるものの、そこまでの飼育は、一般の養蚕と同じような作業が必要だ。工房では、注意をしないと、ネズミ、ヤ

① 生まれたときを「1齢蚕」と呼ぶ。4回眠って脱皮を繰り返し、5齢蚕になり約25日で繭をつくる

② 5齢蚕。ほぼタバコの大きさになる

③ 木に放した蚕の様子

④ 桑の木にネットを巻いた様子

⑤ ネットの中で巻いた繭

⑥ ズリ出し作業。最も原初的な両手の指を使い、ズリ出しにより糸を引き出す方法。指に指紋がなければ糸がひけない

⑦ ズリ出し糸。天然ウェーブが残ったまま引き出される

モリ、アリなどの天敵に稚蚕が食べられてしまう。稚蚕を籠に入れて工房の天井から吊るす、車の中に蚕の棚を入れる、などの対策をとっている。

手織りに合う生糸をつくる上で、もうひとつの重要なポイントは、繭から糸をとりだす繰糸と呼ばれる仕事だ。紅露工房では、もっとも単純な「ズリ出し」という方法で繭から糸をとりだしている。この方法は「手引き」とも呼ばれ、『石垣市史・民俗上』では、次のように説明されている。

「まず、水を入れた鍋に繭を入れて煮立てる。すると、繭玉のなかのさなぎの生きたものは、口から糸を出し始めるので、その時、刷毛や手で、鍋に浮いた繭を軽くなでると、繭の糸口が付いてくる。その糸を、五〜八本位糸口を取り、ティピィキィ（手引き）をした。糸の数は使途によって異なっていた。太く、あるいは細く、ティタグリ（手加減）でより寄せ、平たい籠にまとめた。」（五七〇ページ）

繭から引き上げられた何本かの細い糸どうしが、湯に溶けたセリシン（ニカワ質）の作用で接着する。道具らしい道具を使わず、両手を使って、指先で多少の撚りをかけながら、糸をたぐり寄せていくので、熟練すれば好みの質感をもつ糸をつくることができる。

紅露工房では、座繰り法で繭から糸をつくることもある。座繰り器は、繰糸の機械としては、もっとも単純なものだ。ハンドルを手で回すと、糸取り枠が回転して、糸を巻き取っていくようになっている。手回しなので、リズムを自分で調整することができ、繭にばらつきがあっても、困らない。

藍染めの過程と化学物質の変化

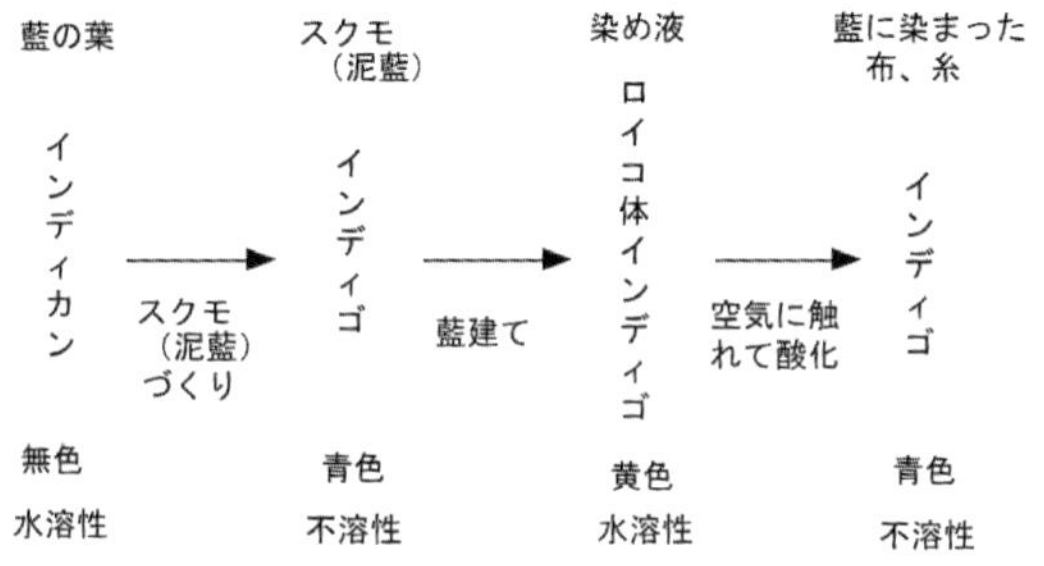

藍の葉		スクモ（泥藍）		染め液		藍に染まった布、糸
インディカン	→ スクモ（泥藍）づくり	インディゴ	→ 藍建て	ロイコ体インディゴ	→ 空気に触れて酸化	インディゴ
無色		青色		黄色		青色
水溶性		不溶性		水溶性		不溶性

▽琉球藍、シマ藍（インド藍）の藍染め

藍染めは、インディゴという成分を使った染色だ。この成分は、水溶性のインディカンという形でさまざまな植物に含まれ、ヤマトではタデ科の藍が主に使われ、沖縄では琉球藍が主に使われ、八重山ではシマ藍(インド藍)を使う。

ヤマトでは、徳島県でタデ藍が栽培され、乾燥した葉を発酵させ、スクモをつくる。スクモは青黒い色をしているが、これはインディゴの色だ。葉に含まれていた水溶性の

シマ藍染め

インディカンが、スクモをつくる工程でインディゴに変化する。

スクモの形で徳島から出荷され全国に流通し、染物屋や染色家はスクモを購入し、藍建てをし、布や糸を染める。甕（かめ）の中で、スクモはアルカリ性の水溶液に溶けて、微生物の働きで、インディゴが水溶性のロイコ体インディゴに変わる。甕の中に布や糸を浸すと、ロイコ体インディゴが吸い込まれる。布や糸を甕から引き上げると、すぐに青色に変わる。これは、ロイコ体インディゴが酸化してインディゴに変化するためだ。

琉球藍やシマ藍の場合も、藍染めの過程で起きる化学反応はタデ藍の場合と同様だ。

しかし、沖縄本島の場合は、藍の産地でスクモをつくるという方法ではなく、泥藍をつくるという方法がとられ、泥藍が出荷され、染物屋や染色家は泥藍を購入した。

泥藍では、葉の成分のインディカンがインディゴに変わっている。つまり、泥藍はスクモと同じ役割をもっている。

琉球王朝時代から沖縄本島では、琉球藍の産地の本部町で泥藍がつくられ、これが各地に流通するという形だったのに対して、八重山では、藍の栽培が各地に分散され、泥藍づくりと藍建てを通して行うことが多かったようだ。

八重山で伝えられてきた琉球藍の泥藍づくりについては、『石垣市史・民俗上』に、次のように説明されている。

「刈り取られた藍を水槽（ポリバケツやタンクなど）に入れ、さらに漬かる程度に水も入れ、藍が浮き上がらないように押さえをする。三、

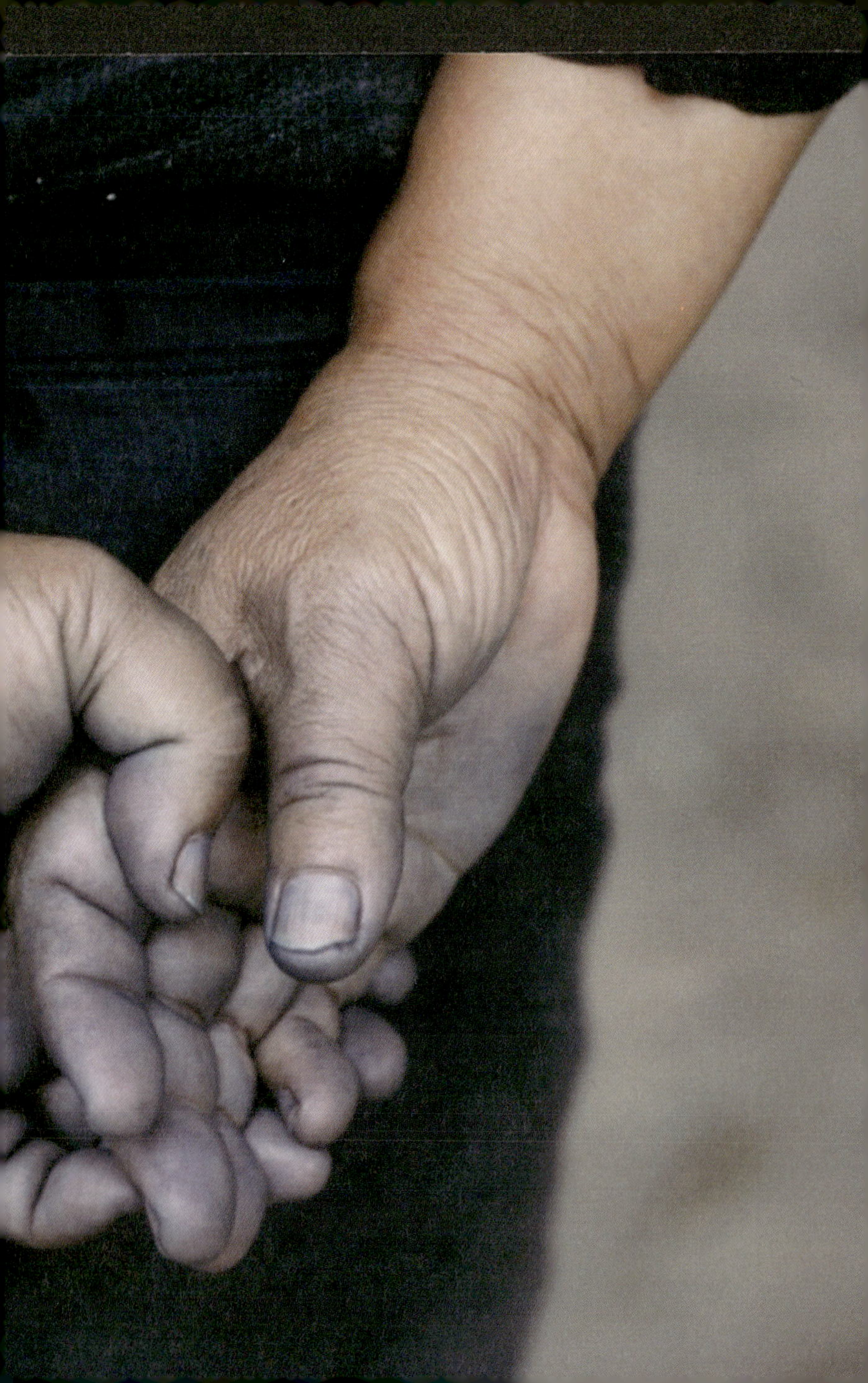

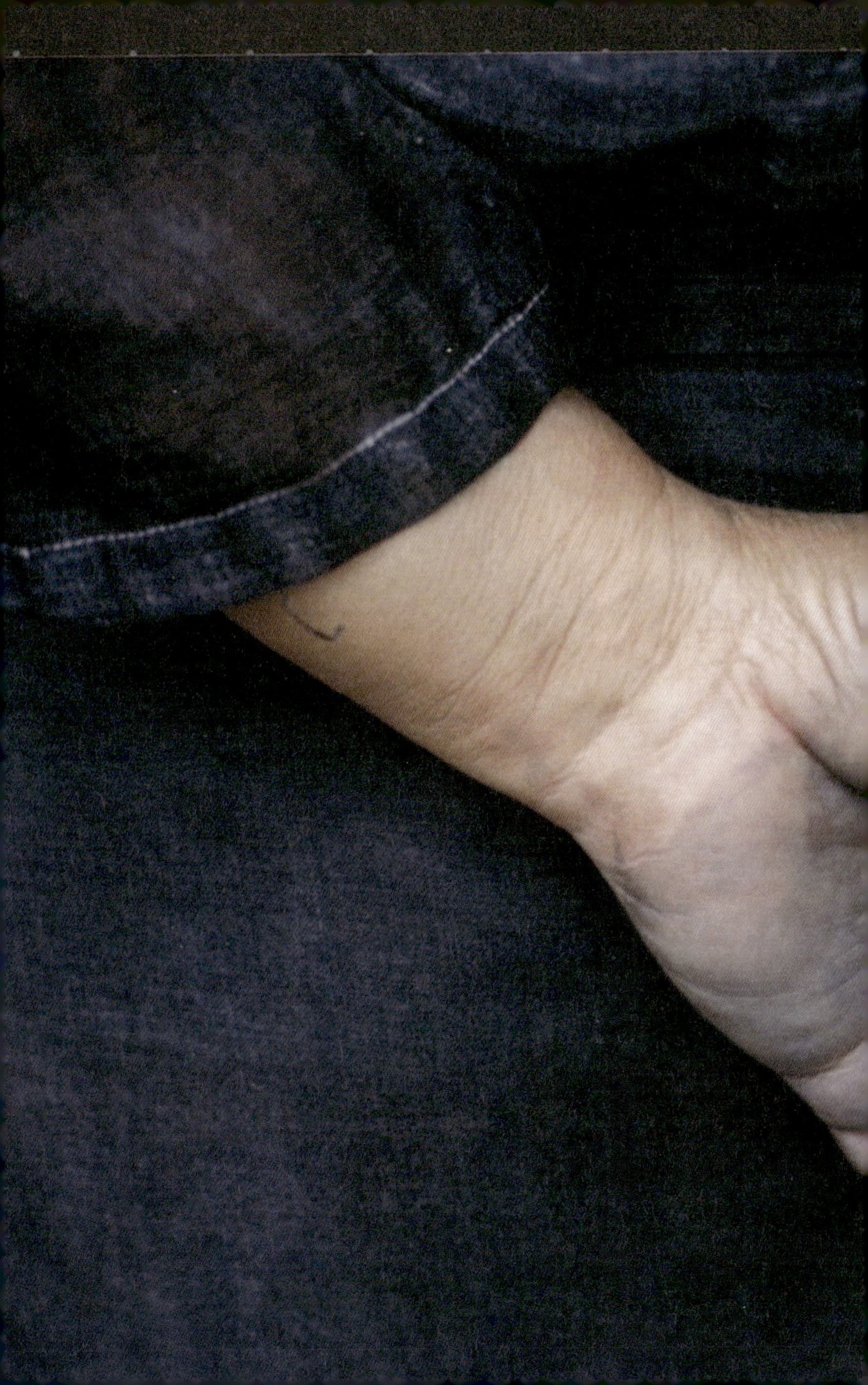

四日すると、葉のなかのインディカンが加水分解されインドキシルに変化すると、水槽のなかの葉を取り出し、残ったインドキシル成分の溶液に石灰を加え、激しく撹拌する。空気酸化を起こさせると色素が石灰と化合し沈殿する。そしてインジゴ成分ができる。この沈殿物は泥状なので「泥藍」（藍のシトゥとか藍玉）といい藍の染料となる。」（七三二ページ）

紅露工房で行っている泥藍づくりも、これとほぼ同じだ。シマ藍の場合も、基本的に同様だ。

八重山での藍建ては、次のようなものだ。

「泥藍を甕（ポリバケツでもよい）に入れ、容器の七分目位水を張り、そのなかに水飴やブドウ糖など糖分と木灰汁や苛政ソーダなどのアルカリ分などを加え、水素イオン（ＰＨ）濃度を泡盛で調整する。約一週間から一〇日間で微生物が発酵し、「還元」によりインジゴ成分がインジゴーリュコ塩となり、緑色の液が目安で染色を行うことができる。」（七三二ページ）

紅露工房の藍建ても、ほぼ同様だが苛政ソーダは使わない。また、ユーナの木（オオハマボウ）の下に甕を置くと発酵が早くなると伝えられていて、実際に、調子のいいときには、二日で建つこともある。ユーナの木のユーナ菌が発酵を促す効果をもつらしい。

▽生葉染め

右の引用にあるように、泥藍をつくる作業で、葉に含まれるインディカンが加水分解されてインドキシルという成分ができる。このインドキシルを布や糸に吸着させても、藍染めができる。これを「生葉染め」という。

紅露工房では、藍建てだけでなく、生葉染めで染めることが多い。

生葉染めは、藍建てに比べると簡単だ。シマ藍の枝葉を水に漬け込み、カンカン照りの太陽にさらし、二〇時間程で葉をとりだすだけで染液ができる。布や糸を漬け込んだあと、干して太陽光で発色させる。浅い青で透明感のある発色をする。西表の夏の強い日差しで、いい色が出る。葉を水に漬けるのではなく、煮ると、違った染液ができ、うす紫に発色する。

▽紅露（クール）染め

紅露（クール）は、ヤマイモ科ソメモノイモと呼ばれる多年生植物だ。八重山が北限で、沖縄本島では採れない。古くから八重山の代表的な染料植物として利用されてきた。

紅露工房の裏の山に自生するクールを金星さんが掘りに行く。見つけた芋を全部掘ってしま

紅露を染料にするため小さくきざむ

細かく刻んだクール

わず、一部分を残しておく。そうすることで、しばらく経つと芋が再び伸びてくる。大きな芋を切ると、鮮やかな赤紫色の断面が現われる。この芋は人間の食用にはならないが、イノシシは食べることがある。

クールを細かく刻んで、焚き出せば染液ができる。その液の中に、布や糸を浸して染める。紅露工房では、染液をつくるのに、汽水域の海水で炊き出す。クールで染めたあとで、芭蕉の煮汁（芭蕉を灰汁で煮た後の汁）に漬け込んで、濃い色を定着させる。つまり、灰汁媒染で濃い色が出る。

クールを掘る作業は、イノシシ猟が解禁の一一月一五日～二月一五日の期間に行う。

染色作業は夏場に行うので、それまで貯蔵する必要

がある。そのために、クールをチップ状にして乾燥保存する。
あるいは、とりたてのクールをすりおろし、液状のものをビン詰めにして保存する。
液の水分をとばし、顔料化して保存する方法もある。

▽フクギ染め

八重山では、フクギは伝統的に屋敷内に植えられ、集落の景観の欠かせない一要素となっている。真っすぐに伸びる樹形が特徴的だ。台風の強風を和らげる防風林となり、夏は葉が強い日差しを防いでくれる。

樹齢一〇〇年以上のフクギの古木の樹皮を炊いて染液をつくる。その際、クールの場合と同様に汽水域の海水を使う。

フクギの樹皮の入手法は、台風の倒木を使うやり方と、立木の致命傷にならないように、樹皮を部分的に剥がすやり方がある。倒木の場合は、樹皮を乾燥して貯蔵しておき、夏場の染色に使う。樹皮も枝もとりたての方がいい色が出るので、剥がしてすぐに、染色に使う。

フクギの皮

フクギ液に漬けて染める

▽媒染

植物の色素成分を布や糸に浸透させるだけでなく、色素に金属イオンが結合する反応を起こさせ、発色を鮮明にし、色落ちしにくくするのが「媒染」だ。

紅露工房でよく使う媒染のひとつは、植物を燃やした灰でつくった灰汁(あく)による媒染だ。灰には、植物の組織の中にあったさまざまな金属が含まれる。植物染料で染めた布や糸を灰汁に浸すと、その金属が色素と結合する。燃やす植物によって金属の組成が異なるので、媒染後の発色の仕方にも違いが出る。

どのような植物の灰を使うといい色が出るか、試行を重ねてきた。その結果からわかったのは、例えば、次のような点だ。

ヒルギ染めの媒染には、ヒルギの灰がよい。

藍建てには、アコウやユーナ、ガジュマルの灰汁がよい。

海晒しをするヒルギの生える水辺

色素と鉄分が結合すると黒っぽい色になる。鉄媒染のひとつとして、田んぼの泥の中に染めた布や糸を入れるという方法がある。田んぼの泥の中の鉄分が布や糸の色素に結びつく。

また、古釘を酢などの酸性液に入れておくと数日で、鉄媒染液をつくることができる。

クールを染めてその上に藍をかけるとグレーから黒まで発色する。自然染料の奥深さを思い知らされるところだ。

▽**海晒し**

八重山上布や芭蕉布は、もともと染め上がった布を海中に漬け込む海晒しを行っていた。しかし、大正時代に、県の工業技師の指導で、海晒しをやめ、重クロム酸カリウムによる色止め

汽水域で海晒し
絹と麻交布

をするという方法がとられるようになった(『石垣市史・民俗上』七一六ページ)。
一九七〇年代になって公害問題への関心が高まり、毒性の強い重クロム酸カリウムを使う方法は問題が多いと感じる織手たちが出てきた。そんな中で、当時、竹富島で八重山上布を織っていた昭子さんと新垣幸子さんが協力して、かつての海晒しの方法を調べて復活させ、重クロム酸カリウムの使用をやめるようになった。

そうした経緯もあり、紅露工房では、染め上がった布を近くの汽水域のヒルギのある水辺にもっていき、海晒しを行う。昭子さんには、祖母たちが、海晒しによって「布が生まれる」といってみせてくれた記憶がある。

海晒しによって、海水中のミネラル、マグネシウムと色素が結合し、色止めの効果が生まれ、カビ防止にもなる(沖縄県立芸術大学染織研究室の研究を参照)。

▽交布(グンボー)

八重山では、径糸(たて)と緯糸(よこ)に異なる素材の糸を使って織った布を、「交布(グンボー)」と呼んでいる。主に自家用として織られた。身近にある残糸を使って、自由に織られてきた。

径糸に木綿糸、緯糸に苧麻の糸を使ったものが多い。現在も祭りの着物がこうした交布で織られることが多い。かつては、木綿糸と芭蕉糸の交布も織られた（『石垣市史・民俗上』七二三－七二四ページ）。

こうした伝統を踏まえて、交布の可能性の探究が紅露工房の基本テーマとなっている。西表島の風土では、糸芭蕉がよく育つので、芭蕉の糸が素材のひとつになる。芭蕉もうひとつの素材として、芭蕉の糸と合う生糸をつくるために、養蚕を手がけてきた。芭蕉の糸と生糸をあわせた「芭蕉交布」が紅露工房で重視するテーマとなっている。

紅露工房では、芭蕉と苧麻とさまざまな生糸の組み合わせで、多様な交布を試みてきた。

▽スディナ

「スディナ＋カカン」が、八重山女性の伝統的なフォーマルな衣裳の基本型だった。素材（木綿・麻・絹など）と色により、祭事・行事用を区別した。カカンは袴（はかま）で、ひだの入っている巻きスカート。上衣のスディナは、裾の両脇にスリットが入り、二ヶ所を紐でとめる。和服のように帯を使わず身体を締めつけないので、ゆったりとした着心地で、沖縄の風土に合った装い

真南風のスディナ。
シルク100%で染料はシマ藍。

真南風のスディナ。
シルク100%で染料はシマ藍。

真南風の上衣。
シルクと苧麻で染料クール。

真南風のスディナ。
シルク100%で染料はアカメガシワ。

このページの写真4点は真木テキスタイル・スタジオ撮影

だ。

ところが、残念なことに、大正時代から次第にフォーマルな機会に和服を着る人が増えていき、やがて、スディナ・カカンを八重山の一般の人たちが着ることがなくなってしまった。スディナは踊りの衣裳だけに残ることになった。

一九九〇年代に入って、真木千秋さん〔一九六〇年生まれ。糸・染・織探究者〕や真砂三千代さん〔一九四七年生まれ。衣デザイナー〕がしばしば紅露工房に滞在し昭子さんとの協力関係が深まっていったが、その過程で、スディナの復活が三人の共通の関心事のひとつになっていった。

昭子さんは、自分でスディナを仕立てて、集落の行事などに着ていた。それを千秋さんと三千代さんが見て、スディナはとてもオシャレで、現代的な衣裳にとり入れることができることに気づいた。

やがて、三人のコラボレーションによって、「真南風（マーパイ）」というブランドで、八重山の伝統的衣裳をアレンジした現代的な装いを提案するプロジェクトがはじまり、スディナ・カカンはその柱のひとつになる。

真南風が始動する年より前に、千秋さんは、真木テキスタイル・スタジオの南青山の店で、

「八重山舞踊とスディィナの会」を開いて、東京の人たちにスディィナの紹介を試みている。

こうして、三人の共同作業の中で、八重山からのヤマトへの提案という形で、スディィナの復活が実現した。これは、ブーメランのように、八重山でのスディィナの復権を促す効果をともなった。スディィナは暮らしの中で自由に着こなせる衣であることに気づいて、八重山で染織や縫製の仕事をする人たちの中から、自分でスディィナを仕立てて着る人が徐々に増えてきた。

今では、祭事・行事などに、日常の服に、スディィナをパッと羽織ってくる若い人たちが多くなった。和でもなく、洋でもなく、アジアを感じるコスチュームに琉球のアイデンティティがひそむ、そんな衣の力を、昭子さんは感じている。

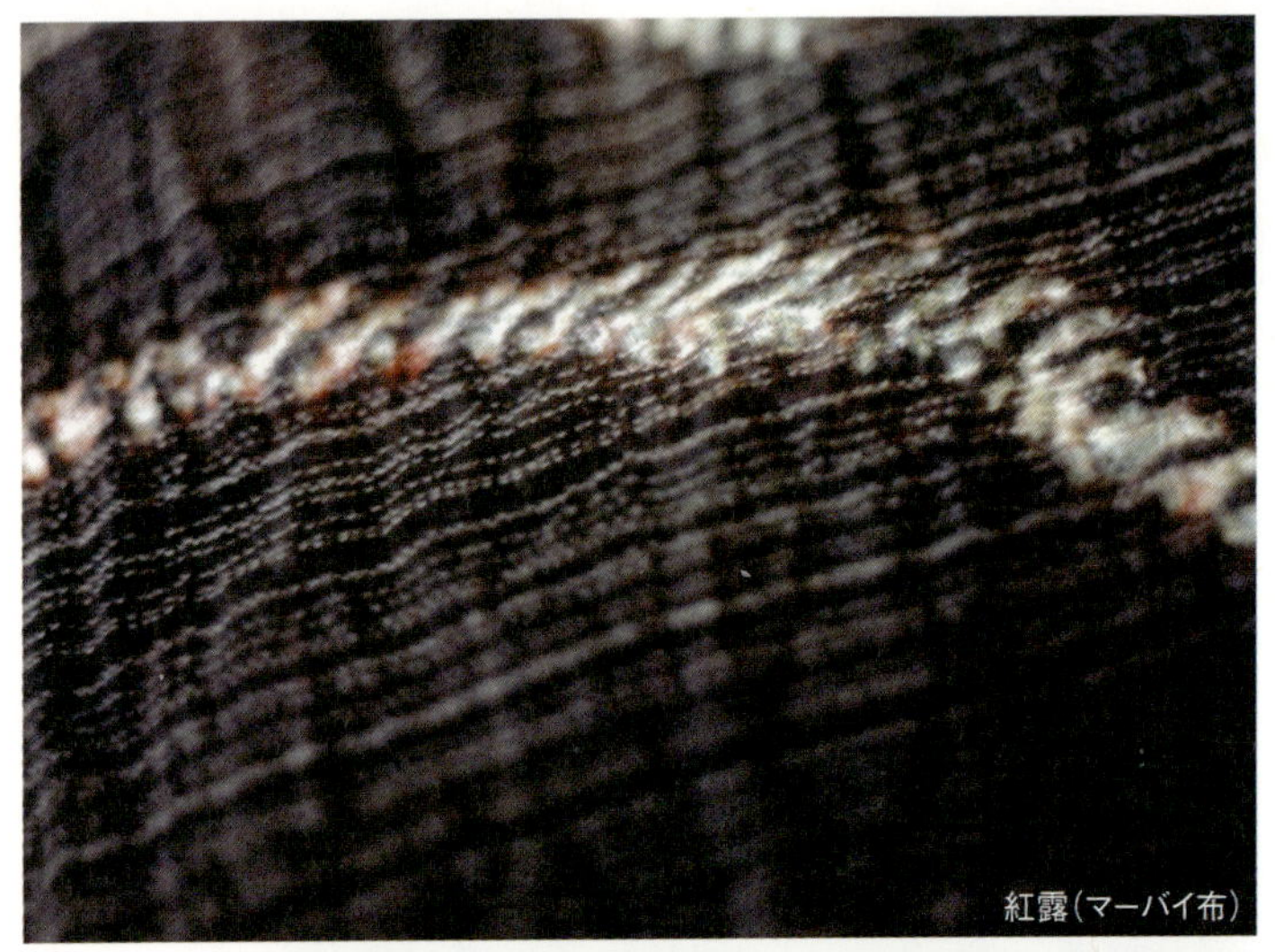
紅露（マーバイ布）

空羽スクリーン（麻／芭蕉）

第二章

志村ふくみさんの工房での内弟子時代

石垣昭子さんインタビュー

二〇一三年一月一七日東京

山本　志村ふくみさんのところに弟子入りすることになるまでの経緯を聞かせてください。

石垣昭子さん　やはり出逢いですね。

山本　竹富島に志村さんがいらっしゃったのですね。

昭子さん　志村さんが竹富島を訪ねてこられ竹富民芸館を見にいらしたときに、そこにわたしがいた。ちょうどそのときに、竹富島のおじさんが栽培していた紅花の花びらを収穫して、島なりの染め方で染色をしているのをご覧になって、別のやり方を教えてくださり、一緒になってやってみた。それがはじめての出逢いです。それはすごいカルチャーショックでした。こんな花びらからこんな色が出せるとわかった。これまでとはぜんぜん違うやり方で、色もぜんぜん違いました。これは本格的に勉強する価値のある仕事じゃないかと思いました。それまでは、女子美を卒業後、島に戻って、好きであろうがなかろうが、義務感で仕事をしていたところがありました。ところが、先生との出逢いで、染めや織りは本格的に勉強する価値のある仕事だと目覚めた。それからすぐ押しかけですよ。

山本　志村さんが最初に竹富にいらしたときに、染色のワークショップのようなことをやられたのでしょうか？

昭子さん　ワークショップまでいかない。とにかくおばあたちと一緒に、ある素材で染めをやってみようという具合でした。わたしが一番若い者ですから。三〇代前半でした。それがきっかけですね。

山本　それまでやっていたやり方と違った。

昭子さん　本格的にこれはやる価値のある仕事だと思いました。それまでは、女が織物をすることは当たり前の環境だったので、本格的な仕事にできると感じていなかった。

山本　その時点では、昭子さんは、大学卒業後竹富島に帰っていらして、民芸館で仕事をはじめていたのですね？

昭子さん　民芸館の建物だけがあって、織機もないし。自分なりに使いやすいように、床を張ったりとか最低限のことをしつらえて、さて、染めをはじめてみようといったときでした。

山本　何をどうやればいいか、モチベーションがはっきりしていなかった。

昭子さん　考えもしないですよ。毎日毎日ミンサー織っていればいいわけだし。ミンサーでも何でもいいんですよね。当時はものめずらしく、欲しい人がズラーッと並んでいるんですよ。だから織っていればいいんですよ。内容は関係ないんですよ。復帰直後ですから、旅行者も今までは来なかったけど、どんどん来るじゃないですか。そうするとお土産が何もない。だからただひたすら織っていれば売れていく。ということで、ものの価値判断以前の問題。その頃はいろんな先生方が見えていました。柳悦孝（よしたか）先生〔一九一一～二〇〇三年 染織家。柳宗悦の甥〕も来られました。もう亡くなられましたが。民芸の流れがまだ色濃く残っている時代でしたから。その先生方と会話をしながら、やっぱり染織は素晴らしいなと薄々わかって、これをやる以外にないのかなと思ってはいたんです。

山本　そういうときに志村さんと出逢って、染織の奥の深さを感じたのでしょうか？

昭子さん　やる価値がある、やる意義があると。それには島では自分一人でやる以外になかったから。別に先生もいないし。もっと深く考えれば平良敏子先生だとか宮平初子先生〔一九二二年生まれ、染織家〕だとか大城志津子先生〔一九三一－八九年生まれ、染織家。沖縄の伝統織物を復興〕だとか、当時の沖縄の大家の先生方がいらしたんですけれど、そういうことはほとんど考える余地もない。よくよく考えればそっちに行っていたのかもしれない。今から考えるとそれをしなかったのが自分にとっては分かれ目でした。

山本　独自路線を行くことになった。

昭子さん　そう、独自路線を行って、今でもそれが続いている。志村先生の内弟子というのはたぶん、わたしが最初で最後なんじゃないかと思うんです。二階の一部屋がわたしにあてがわれて日常生活をともにしました。お弟子さんたちはわたし以外はみんな通いですよ。

山本　志村さんが竹富にいらしたときに、弟子入りさせてくださいといったのですか？

昭子さん　そのときはいえない。もう感動して。お帰りになってから、京都に行くためにはどうすればいいかといろいろ考えて、当時、岡部伊都子さん〔一九二三〜二〇〇八年　随筆家。沖縄戦で婚約者を亡くした〕が（竹富に）いらしたので。まず岡部伊都子さんに京都に行きたいんだという話をして、いわば保証人みたいな役を果たしてもらいました。岡部先生も亡くなられましたが、いろいろお世話になりました。

山本　弟子入りしたいというお願いに、京都に行かれたわけですか？

昭子さん　そう、そのまま。岡部伊都子先生と一緒に押しかけました。手紙のお返事なんか待っていなかったです。すぐに、許諾されました。沖縄からということでは、先生も断りようがなかったと思います。志村先生のお母さん（小野豊〔一八九五〜一九八四年　染織家。柳宗悦の民藝運動に関わる〕）が滋賀県にいらして、その方が「沖縄ですか。沖縄にはえらいお世話になっている。」とよくおっしゃっていました。

山本　沖縄とは柳宗悦〔一八八九〜一九六一年　同人雑誌「白樺」に参加。日用雑器の美に惹かれ民藝運動を起こす〕さん以来のご縁があったわけですね。

昭子さん　そうです。よく沖縄の絣（かすり）を着ていらした。そのお母さんが沖縄のよき理解者でした。その言葉もあってか、先生は断りようがなかったと思います。たまに来られて先生の作品を見たり、展覧会用に織っているものをまずお母さんが見て、いろいろ話されたりということを、わたしは側で見ていました。だから、先生の本を読んでも、お母さんの影響は大きいですね。そういう意味では、わたしが当時いたときも、再々来られていたのが印象に残っています。

山本　その時点では、志村さんのところには他にお弟子さんもいらしたのですよね。

昭子さん　もちろんいました。五、六人。その当時の人たちは今ではみんな自立して作家活動をやっています。なかにわたしと入れ違いに沖縄にお嫁にきた宮城さゆりさんがいて、今、沖縄に住んでいます。彼女とは今でも付き合いがあるんです。一種の同窓生。彼女は志村学校の優等生で、じっくり修行した人です。

当時は先生が、藍を建てるために一生懸命研究中で、自分の畑で藍を育てたりされていました。

山本　志村さんは当時、おいくつくらいでしょうか?

昭子さん　四〇代だと思います。四〇中頃。一九七〇年代ですから。

山本　ご自分なりの問題意識がはっきりしてきて、それを極めようとされている時期ですね。

昭子さん　極めようとされている時期で、何でも畑からしなきゃといってらした。わたしにとってはお手のものでした。

山本　畑ではどういうものを栽培していたんですか?

昭子さん　藍を一緒にやりました。こういうことが大切だということを実践されているのをわたしは見ているから、そこからやるのが当たり前になっていった。最後に先生は、わたしがあなたに対してできたのは、「種を播く」ことだといわれた。それが非常に印象的でした。それがどういうことかというのは、そのときはわかりませんでした。種さえ播いておけば、あとは自分で収穫できるときがくる、ということをおっしゃったんだなと、西表に行って自分でやり出してから気づきました。

当時は、志村さんは自分で藍の畑をつくっていたわけですが、京都の環境では、だんだんそういうことがむずかしくなっていきました。

当時は、お風呂屋さんを転々とまわって灰をもらいにいったんですよ。先生がリヤカーを引いて道案内をしてわたしが後ろから押して。そんなの今のお弟子さんたちは考えられないでしょうね。

山本　灰はもっぱらお風呂屋さんにもらいに行ったのですか?

昭子さん　あの頃はお風呂屋さんに灰がありましたよね。三軒くらいだったたか、灰をもらいにリヤカーで行って。嵯峨野は今のような観光地ではなかったから、すごく静かで人通りもそんなになかった時代ですよね。そういう日常を一緒になって生活できた、同じ釜の飯を食うという経験は非常に貴重だった。何を織ったかというと、たいしたのはやっていない。自分が着るものと、「沖縄の人だから、あなたはティサージを織らなきゃね」といってはじめてティサージを織らせてもらいました。

山本　当時、志村さんは、藍をどうするかというのを試行錯誤中で、それが最大のテーマだったんですね。

昭子さん　なかなかうまく建たない時期でもあったんですね。他の藍の先生の助言を聞いていました。藍小屋を建てて、藍瓶を置き藍神様（あいじん）をお祭りしていました。今は藍は間違いなく建つわけだけれど、その頃は、先生も試行錯誤中で、藍神様に祈らないとうまくいくかどうか不安だった。

わたしが西表で自分で藍をはじめてみて、こういうことだったんだといちいち納得がいった。先生のやり方、生き方が身についていた。だから、四方先生の指導で、そのあとに繭をやりだして、「繭をまくのは昆虫だけど、昆虫が食べるのは桑。その桑も品種によって違う」とかいろいろといわれたのが本当にその通りだと思いました。世界中の桑を四方先生が植えてみました。日本の桑は休眠するから、一年中やるのであれば熱帯のものがいいということで、工房の中の農場に金星が植えた。草ぼうぼうでも元気に生えるのはインドやスリランカの桑だということがだんだんわかってきた。それは強いから残して増やして掛け合わせて、という根っこの部分の仕事を教えてくれたのが四方先生です。
　絹ができだして、他のいろんな素材を試しました。木綿は大変で何度も失敗してあきらめた。結局は気候に一番適したのが芭蕉であり苧麻でありということがわかった。それを生かしてやるために、四方先生のシルクの研究が役に立っていく。そういう路線できたわけです。

山本　藍の場合は品種による違いは、あるんですか。

昭子さん　京都は四国のタデ藍です。それで八重山に帰ったら琉球藍とシマ藍があるわけだからぜんぜん違うんですよ。

山本　タデ藍の中では品種はないんですか？

昭子さん　タデ藍の中にもあるらしいです。先生の工房では、徳島からスクモを仕入れてというやり方にその後変わったわけですが、それは藍染めが軌道に乗ってからです。

山本　徳島から買うのと、自分で栽培したのとで、藍を建てるときに違ってくるわけですね。それを自分で栽培するところからやることによって、藍のことがよくわかるわけですね。

昭子さん　そうだと思います。栽培しないと生葉染めもできなかったし、徳島から買う場合、スクモの状態なので、保存はきくかもしれないけど、生葉のような色は出せないんです。

山本　当時、志村先生のところでは、藍以外の素材はどんなものを使いましたか？

昭子さん　いろいろです。クチナシとかアカメガシワとかクサギなど。あの頃、嵯峨野を歩くとけっこう集められました。クサギを採りに一緒に行ったことがあるんですが、電車が通って非常に危険な場所に生えてるんですよ。危険なんですけど、どうにかして採ってきました。ハシゴに上ったり危険なことをしました。わたしは楽しくて、「採りに行きましょう」とよく行っていました。嵯峨野には神社が多いのでけっこういろんな植物があって、よく採りに行きました。

山本　シーズンによって何を集めるというカレンダーができている？

昭子さん　そうですね、先生の中で。この時期になったらあそこの何。ちょっと歩いて行くと植物園みたいなのがあったり。繊維大の植物園が嵯峨野の近くにあったらしいです。あとでわかったことですが、まだ繊維学科があって、四方先生がいらした頃に試験場が近くにあって、そこにも桑のことで聞きにいらしたことがあったと四方先生がおっしゃっていた。そういうことを聞くと、志村さんと四方さんとはつながりがある。

山本　志村さんの工房の立地条件というのは、素材を集めやすいところだったのですね。

昭子さん　近くに釈迦堂や大覚寺という広大なお寺があって、その周辺にいろんな植物がある。落ち葉を採ったり、よくやりました。

山本　志村さんも探究心が強く、これをこうするとどうなるだろうかということをいろいろ試してみる方ですね。

昭子さん　そういう時代だったのかもしれない。わたしも同じようなことをやってきているので。媒染を変えたらこれはどうなるか、自分のやり方でやっていると少しずつ見えてくることがある。素材からやると、仕事がつきないです。ところが、今、学生なんかが来るんですけど、畑に入って糸をつくりましょうというと「糸をつくるんですか。糸は買ってくるんじゃないんですか。」と、異口同音にいうんですよね。

山本　与えられた条件から始める。

昭子さん　マニュアルから入る。何パーセントですか、何グラムですかという聞き方をするから、そんな計ったことない。

山本　与えられた問題を解くかっこうになっちゃう。

昭子さん　女子美のイベントに行ったときも、沖縄の作家たちと学生たち二〇〇名のいろんなセッションがあったんですけど、教える先生世代がすでにマニュアル世代。今の学生たちは、わたしが京都で志村ふくみ先生から教えてもらったやり方のような環境もないし、しょうがないのかなとも感じます。都会での仕事のやり方というのは、ビーカーの中の世界。

山本　志村先生は探究心が旺盛な方ですよね。昭子さんもそういう探究心を志村さんから学んだのでしょうか?

昭子さん　学ぶという意識はなかったかもしれないけど、一日中一緒に暮らしていると、見よう見まねでそういうことが、身体の中に入って行くものなんだと思います。だから、西表に来てからのわたしのやり方も、マニュアルなどつくらないやり方なので、いろんな行事をやりながら、ずっと流れている時間とともに仕事をしている。わたしは先生でもないし、工房は学校でもないし会社でもない。研修生たちも結局は一人になったときに、みんな一人でやっていけてる。だから、それでいいのではないかと思います。自然を相手にするのであれば、当然、そういう形になる。自然にはマニュアル化できるものはひとつもないわけですから。その日になってみないとその日の仕事は決まらないという生活を一緒にやっていくというやり方でないとできない仕事がある。都会では考えられないことなんですけど。

山本　志村先生の場合、京都の伝統というか、布や何かでも過去に染められたものがまわりにたくさんある。これはどうやって染めたのかがわからなくなっているものがたくさんあったわけですね。そういう伝統の中で失われたものをもう一度学び直すといった問題意識が、かなり強くあったみたいですね。

昭子さん　そうだと思いますね。

山本　一方で、染めの職人さんたちが京都にはいるわけですよね。綿々と続く家業を引き継いでいる方が。その人たちから見ると素人臭いと見られていたんでしょうね。だけど実際は自分なりにゼロからもう一度やってみるという姿勢が志村さんの特徴ということでしょうか。

そういう志村さんの仕事の姿勢は、柳さんの流れの中にいらしたお母さんの影響があるのでしょうか。

昭子さん　それは確かにあると思います。でも、時代とともに考え方も少しずつ、お母さんの時代と違って、自分なりのものを確立されてきたので、それがだんだん深まってきたのだと思います。本を書き出してから、そっちのほうの才能も認められました。他にもずいぶん、いろんなことをされているんですよ。イベントをしてみたり。

山本　職人さんの方の世界からみれば自己流。先代がこうやったからこうやるという世界ではない。

昭子さん　でも今は、志村ふくみぐらいになれば、何をやっても許されると思うんですよ。今は、残ったハギレを切り刻んでコラージュして、アートの世界に入ってきているんです。棄てるわけにいかないし。糸でもくずになるまで生かして。つぎはぎしながらコラージュしながらひとつの作品にして。文章を書いたり、いろんなことをなさる。でも先生なら許されると思う。織物ではないんだけど、かといって絵画でもない。パッチワークみたいな感じだけど、見る人が見れば非常に説得力がある。

山本　結果的になんでしょうけれど、志村さんと昭子さんとはとても面白い出逢いだったということですね。独自路線をゆく志村さんに刺激されて、昭子さんの独自のスタイルに向かっての歩みがはじまった。

昭子さん　だから、何かにつけて、先生に質問したり確認するという作業はずっと続けていて、それに対して本当に素直に教えてくださる。そういうつながりは非常に貴重なことだと思う。普通だったらそんなこと聞けない。ああいう大先生にそういうくだらないことを聞くかといわれる場合もあるんですが、先生はどんなことでも答えてくださる。わたしも何でも聞きたくなる。そういう精神的なつながりみたいなものが続いてきた。

先生が突然ダンスをして、それがニュースで流れたときがあったんです。マイケル・ジャクソンですって。信じられないでしょ。彼の真似をしてお弟子さんたちとシルクハットをかぶって踊っていた。出版記念のパーティーか何かで。それがＮＨＫのニュースで流れたのをたまたま見たんです。びっくりした。「先生、何なんですか。あの踊りはどこで習ったんですか」と聞いたことがあって。「見られちゃったか」って。先生がいうには、「マイケル・ジャクソンって日本人に誤解されている。彼の本当のよさを誤解している。彼は本当にいいアーティストなのよ」ということでした。ビートルズが好きだったり。隠れた面白さを持っている。それは娘の洋子〔一九四九年生まれ　染織家〕さんの影響かもしれないです。

山本　娘さんのスタイルはお母さんと比べるとどうなんでしょうか？

昭子さん　洋子さんはシュタイナー教育への関心が強い。シュタイナー色彩論などに詳しい理論派。工房の中でも勉強会をするらしいです。そうした理論をもとにした作品をつくっている。それに対して、志村ふくみ先生は、日本の民族衣装だから、できるだけ美しい着物をつくるという考え方です。やはり、表現は違うようでも、母娘で繋がりのある生き方に、いつも感動している。

山本　昭子さんは京都にはどれくらいの期間いらしたのですか？

昭子さん　三年足らずかな。

山本　一年で一巡りを何度か経験する。

昭子さん　そうですね。いろんな人たちが注文に来られたり取材に来たり。その対応の仕方を身近に見ていました。

山本　同じ素材でも、どういう状態でその素材を手に入れるかによって染まり方が違うとか、微妙な違いで非常に結果が違ってくるといったことを志村さんはよく書かれていますね。

第三章　紅露工房の一九八〇年代

石垣昭子さんインタビュー

二〇〇六年二月二〇日　西表島紅露工房にて

山本　紅露工房の、九〇年代というのはいろんな人とのつながりができて、世の中に知られる形でいろんなことが起きているわけですね。八〇年ぐらいから昭子さんは西表に来られた。だから、八〇年代というのが、実際は九〇年代の土台をつくっていることで非常に重要だと思います。そこで、八〇年代は何をやっていたんだろうという部分のお話を今回うかがいたいと思っています。実際に環境をつくっていくプロセスを、思い出しながらお話をしていただけるといいと思います。

最初は星立の集落に機を置く

昭子さん　最初、西表に移ってきたときは、村の中で生活しながら、自分の一軒のうちの半分を仕事場にして、近所の人たちを巻き込む形で進めようとしました。

山本　最初の場所はどこでしたか?

昭子さん　星立（ホシダテ）。それは金星のお母さんの実家のある村です。わたしは村の中で村の人たちと一緒にやっていければ、竹富の延長ですよね、それでうまくいくだろうという思いがあってやっていたんですけど。確かに二～三年は、星立の村、近所の人たちで機が増えていきましたけれども、何しろスペースが自分の家と庭だけの限られたスペースだということだったので、金星は米づくりにこっち（今の工房のあるところ）へ行くわけです。そうすると、手伝いながらわたしも来るわけですけど、そうすると昼間は田んぼにいることになるわけです。村へは夜に帰るくらいで。だんだん田んぼにいる時間が長くなってくる。収穫とか田植えとか長いじゃないですか。そうすると、田んぼで過ごす時間が長くなってくるんですね。それと、蚕を飼うための長家を一軒、建ててましたので。桑をやったり糸をとったりという仕事が長くなりましたね。それで四方先生が、その頃は琉大熱帯研究所にいらっしゃいましたので、四方先生も通うようになっていましたから、本格的に桑栽培、養蚕ということで、それが実験のはじまりのはじまりでした。ここの作業場がだんだん半分生活の場に。お鍋一つ、おわんが二個という形で拠点になりつつあって、いっそのこと、織機もこっちに持ち込もうということになって、星立から小屋の方に仕事場を移すことになったんです。

山本　星立では、まわりに染料植物を植えたりというのはしていたのでしょうか？

昭子さん　畑がなくて、できなかった。ただ寝起きと織ってというだけだった。やっぱり蚕を飼って糸を引いたりと、糸づくりをこっちではじめるようになると、小屋にいる時間の方が多くなる。水もあるしということで、仕事場の快適さに自分が慣れてくる。全面が竹薮だったんです。竹薮の中にあって、分け入りながらというようなすごく荒れたところだったんですがね。

山本　竹薮を切り開いたんですか？

昭子さん　そう、金星が竹薮を切り開いて、道なき道をつくるように。もともと原野でしたからね。仕事しやすいようにだんだん、大きな木だけ残しておいた。

山本　まず蚕のための桑を植えたんでしょうか？

昭子さん　そうです、それは四方先生の研究協力ということで。四方先生も琉大で研究していたんですけれども、琉大の圃場（ほじょう）は先生がいなくなったらなくなるわけです。世界中の桑を集めた人だから、自分がいなくなっても残すためには農家に下ろす方が生き残るということを考えたんでしょうね。南の国際的な支援のために、四方先生がこっちで研究したんですけれど、足下に糸が必要な人たちがいるのに、遠くのアジアの協力はして地元をおざなりにするのは研究者としては反省すべきことだということで、まずは足下の人たちに必要なことをやろうとされた。あのころ金星がべったり四方先生の手足になって、移植したんですよ、全部。何が生き残るかという桑の研究を一〇年ぐらいやったんじゃないですかね。それで琉大一号二号というのを先生が研究されたんですね。西表に合うもの。在来のシマ桑と熱帯系のものと、実生をかけ合わせて、休眠しない桑、雑草にも強い桑ということで。四方一号二号という名前にすればよかったと最近おっしゃってるんですけど。そのこだわりが今も続いています。先生は蚕の研究者ですけれども、蚕が糸を吐く。その糸がどうなるか、最終のものは布ですよね。そこまでやっぱり見届けたい。で、自分の開発した琉球シルクというのが理想なんですね。「琉球シルクを目ざして」という論文を発表した。金星と共同研究として。

先生は本当にここで量産をして、琉球シルクができるような糸づくりまでめざしたいということで、ここに合う卵を研究された。

わたしは糸芭蕉を中心にしていて、欲しいのは芭蕉に合う絹だった。絹や麻は世界中にあるから。沖縄らしいのは糸芭蕉、琉球芭蕉。でないとここの特徴にはならないというのが最初からあったので、それを生かすためのシルクができないかと思っていた。そうしたらば、そのためにつくってみましょうということで、インドのアッサム地方の黄色い繭、野蚕系のものと家蚕とかけあわせて。それがなんとなく、ツヤ加減とかハリ加減とかシャリ加減とかが糸芭蕉と合いそうな糸になるだろうという想定で、何年も続けましたね。

山本　黄色い繭は、森本喜久男〔一九四八〜二〇一七年　クメール伝統織物研究所創立者〕さんがやっているカンボウジュとかと似たものでしょうか？

昭子さん　カンボウジュに近いものだと思いますけど、カンボウジュではないと思います。

機を移動して工房の原型ができた

山本　八〇年代のはじめに星立からこちらに作業場が移って来て、養蚕のお話がだいたいひとおり出てきたんですけど、移ってくる過程といいますか、だんだんこの環境をつくっていくということが進んだんでしょうけれど、そのステップ、どういう段階でこの環境をつくっていかれたのかというのを聞かせてください。

昭子さん　最初は田んぼのためと養蚕の小屋のために村の中では手狭ということでこっちに移って来るんですけど、竹薮でぜんぜんそのような環境でなかったんだけども、伐採しながら、まずは手製の小屋を建てた。ところが数年後の台風で見事に吹っ飛ばされて、向きが違うんじゃないかということで場所をちょっと変えて、それでちゃんと基礎からつくった。

山本　蚕小屋が飛ばされちゃった?

昭子さん　そう。やっぱりきっちりつくらなきゃいけないということで、基礎から。何ヶ月もかかってますね。通いながら、基礎を金星一人でつくり、セメントを流す時期になってから青年たちで、本当に自分たちでつくってますね。それでこれ（現在の工房の建物）が建ったんですね。

山本　はじめに芭蕉を植えたんですか。

昭子さん　そうです。村の一番近いところのアラシクという畑に、こっちに移る前にすでにわたしが来てからすぐ植えました。金星が移植してくれました。

山本　まずは竹薮を少し開いて繭用の蚕作業の小屋をつくり、芭蕉を植えていったということでしょうか？

昭子さん　田んぼのまわりに風よけにもなるしということで芭蕉を植えていきました。セットで動いてますよね。こっちをやりながら田んぼもつくって。そうするとここの時間が長くなって、自分なりにすごく快適な場所になってくるんですね。それで次第次第に。一気に移ったわけではなくて、やりながら、自分の中で感じながら、だんだん衣食住が移ってきた感じです。

ここの環境を知らなかったんですけど、だんだん水はどうする、火はどうする、染料はどうするということになったときに、けっこうこの環境にセットであった。山があったし。山の中に入ると滝があるんですよ。今、うちの水は滝からのものなんですけど、それを見つけて。金星は知っていたと思うんですけどね、昔お母さんたちが使ってたという場所らしいんですよ。で、そこの滝を見つけて、自分でパイプを引っ張って山の水が来るようになった。電気も隣の浦内まで来ていたので、四方先生が公開講座をしたいとおっしゃって、そのために電気が必要だということで、引くようになったんです。水がまず来て電気が引けるようになってからは、もう早かったです、ここを工房にするのは。それからは、機を置いてというようなことになりました。

山本　機をもってくればもう工房になったということですね。蚕がいるし。

昭子さん　全部蚕小屋だったんですけど、こっちの方からこっちの方にフローリングして機が置けるということで工房らしくだんだんなってくるんですけど。

山本　機をもってくるまでどれくらいかかっていますか？

昭子さん　三年ぐらいかかってるんじゃないかな。三、四年かかってると思うんですね。

平良敏子さんを招いて芭蕉の指導を受ける

山本　その間に、桑を植え、芭蕉を植えて、だんだん大きくなっていたわけですね。

昭子さん　まだ収穫をやっていなかったですよね。わたしは平良敏子先生から学んで竹富で芭蕉布をやったことがあったのですけど、あれは見よう見まねの仕事だったので。星立では本格的にやる気になっていたので、芭蕉が大きくなって手入れという時期に、平良先生に直訴したら来てくださったんですよ。今だったら絶対に来られないですけど、その頃はまだお元気で、ひととおり教えていただきました。八二、三年頃だったかな。わたしが星立に来て二、三年後ですから。近所のおばあたちもだんだんこっちに向いてたので、それだったらみんなで講習会しましょうということで県立工芸指導所へ頼んで、平良先生が来てくださることになった。当時芭蕉はみんなもはじめてでしたから、一〇人ぐらい近所の人たちが集まったんですよ。東部からも何人か来てました。

山本　それは芭蕉の糸づくりまででしょうか。

昭子さん　手入れも苧（ウー）挽きも、一連のもの全部です。苧（ウー）はぎから糸をつくるまで。あのとき先生はどのくらいいらしたかな。さすがに平良先生も「竹富でやれば簡単なことなのに、何でここでやらなきゃならないの」って、すごく気の毒そうにおっしゃってましたね。ここは大変なところだって。

西表では途絶えていた染織の伝統

山本　みなさん、まわりの方たちは芭蕉を昔やったことがある人もいらしたのでしょうか？

昭子さん　もう、まったくプッツンでした、ここは。誰もわかりませんでした。

山本　そうなんですか。一〇人の人がいらしても、覚えている人はいない。

昭子さん　まったく。見たこともない。だってもう、五、六〇年前に途切れているわけですから。わたしが高機を持ち込んだのがはじめてじゃないでしょうか。地機で終わっています、ここは。崎山村も地機で織ってますからね。金星だって織っていたのはおばあさんまでだといっています。

山本　安渓遊地〔一九五一年生まれ　文化人類学者〕先生が聞き取りをやった『西表島に生きる―おばあちゃんの自然生活誌』のおばあちゃんというのは？

昭子さん　網取（アミトリ）村の方です。あれで最後でしょうね、きっと。

山本　あの方たちが何年前ぐらいなのかな。

昭子さん　戦前ですから。八〇年以上前ですかね。

山本　そういう経験がある人たちはもう、八〇年代前半のおばあちゃんの中にはいなかったわけですね。

昭子さん　機を薪に燃やしちゃったという話を聞きました。糸紡ぎの道具が、縁の下とか天井裏に二、三個。杼とかね。黒木でしたから、これを燃やすのはもったいないということで。杼の木がいいからという、ただそれだけで。織りの道具かもわからない。こんなのがあるよということで。うちのおばあさんがやってたという人が七〇代ぐらいだから。お母さんじゃないですよ、おばあさん。

山本　それは大変なことだ。

昭子さん　だからもう、昭和のはじめぐらいかな。とにかく誰もわからないから教えてもらうということで、これはとんでもないところだなと思った。そういう時代でしたから、やっぱり最初からやりました。畑に出て、三年ぐらい。糸芭蕉はもう、倒せるぐらい成長してたから、平良先生と一緒に。だから三〇年ぐらいの畑がありますよ。そこのはかなり熟成していて、今でも使っていますけど、やっぱり一番いい畑ですね。そこで平良先生と一緒に採って糸にして、糸にしたものを紡いで撚りかけまで、一連のもの、全部やりました。確か三日ぐらい先生がいらしたかな。それが先生の講習の最初で最後。

四方先生の公開講座

山本　四方先生の公開講座というのは、どういうものだったんですか？

昭子さん　琉球大学の熱帯研究所は当時公開講座をやったことがなかったので、四方先生が何かやったらということで企画された。公開講座をするために電気を引いて、そのときに志村明〔一九五二年生まれ 竹富島で養蚕と染織を始める。現在、長野県飯島町に畑と工房を持つ〕さん、大城志津子先生がやって来ました。そのときの撚糸器一台、裏にあるんですけど、講座のために四方先生が設置してくださった。

山本　志村明さんが養蚕をはじめたのは、竹富にいた時期ですよね。

昭子さん　そう。最初、志村さんは、わたしが竹富にいたときに民芸館に訪ねて来たんです。それからずっと、何だかんだと関係があるんですけど。

四方先生との関係は、公開講座をして、それからずっと続いているわけですよ。わたしはどんなものが織りたいか、どんな糸が欲しいかによって品種ができるといわれてびっくりしました。蚕なんて家蚕のものしか知らなかったから、「いや、何種類もあるんだ。熱帯も温帯もあるし、色も緑も黄色もある」っていうことを四方先生からじかに教わりました。種が来て孵化してということをずっと金星がやっている。四方先生のいうことを全部マスターして、最初から種の孵化から一連のものをずっとやって欲しいと希望されて。四方先生もゆくゆくはここで一緒にやりたいという望みがあったんですけど、繊維大学の蚕糸学科がなくなり、ますますやりにくくなった。日本の養蚕にだんだん危機感をもって、どこかに残さなきゃいけないということで非常に思い入れが深くなっておられた。
　蚕糸法という法律があって、特定の蚕しか飼ってはいけないという時代でしたよ、あのときは。その後、蚕糸法がなくなって、大学も繊維学科もなくなって、先生の立場がだんだんやりにくくなっていく。でも、先生の夢は琉球シルクでしたから、ずっと退官されてからも送り続けてくださいました。
　大城先生は素材のことをものすごく大事にされていて、志村とかわたしとかに、わざわざここまで来て、ここは必ず重要な産地になるから、苧麻を大事にし芭蕉を大事にしなさいということを言い続けていた。それで、わたしの身に入っているんです、大城先生のいわれたことが。

山本　全体が見えていた人だったということでしょうか?

昭子さん　違うなと思った。でも、その時代のことを聞いてやっているのは志村明であり、わたしなんかであり、直接大城先生のいうことを聞いている人がだんだん少なくなってきたなという気がします。だから、志村明なんかも四方先生とか大城先生と接していたので、そのあと、彼自身けっこう深めていってますでしょ。

山本　独自の境地を開きつつある。

昭子さん　流れがだんだん変わってきて、素材素材と言い続けてたのが二〇年三〇年経っても同じなんですよね。未だに流れとしては素材が大事だ素材が大事だ、といっているのはぜんぜん変わってない。じゃあそれをどう解決するかということになったときに、糸は糸屋さんで買う、ものは農家がつくればいいということで、その辺が直結してトータルで仕事をやるという体制はほとんどむずかしい状態ですよね。

西表に来て素材の考え方がまったく変わった

山本　西表に移って来てから、竹富にいるときと比べて素材についての考え方が変わったんでしょうか。

昭子さん　まったく変わりましたね。こっちでやっているベースはほとんど竹富で培われたことですよね。やってることもいってることもそんなに変わりはない。けれども、竹富島とこっちの違いはやっぱり環境ですよね。向こうは観光地として、本当に観光が主流。観光地としての島の生き方がある。わたしたちが平成元年に組合を立ち上げたときに、八重山ミンサー八重山上布という、ひとつの伝産品指定を受けた。竹富はミンサーも芭蕉布も。本来の工芸とか民芸の伝統がありながら、通産の路線で進んだ。竹富島は、その辺から変わってきましたよね。

竹富島は観光客がずっと来て、わたしなんかが民芸館で織っていてもズラッと並んで見物している。いわゆるお土産品としての、今のミンサー織りのはしりですよね。そういう状況があって、仕事に集中できない。それでどこにいても見られている感覚。うちにいても周囲をぐるぐる巡るし、どこにいても観光客の目があって、ものをつくる環境ではないんですね。

山本　西表に来られてからは、自分で素材をつくるという意識が強くなってきたわけですね。

昭子さん　「世界中に絹や綿はあるけれども、なぜ琉球シルクなのか。なぜそれにこだわるんですか」と聞かれることがあります。それはそこの環境でそこの土地の人たちが最後までトータルにつくったものに価値があるのであって、お金を出せば、どこからでも買えるかもしれないけど、地糸がそこの文化。だから琉球シルクというのは、琉球でできた、水、風土でできたものが理想で、織り手もそうなんじゃないかということですよね。

今、よく考えると、日本の場合は糸も中国やアジアから輸入して染料も外から買って、技術だけですよね、織るだけ。で、かりゆしウェアって沖縄県が奨励している。考えてみたら、じゃあ何が沖縄なのかというと、生地も違うし柄もプリントだし、じゃあ、何が沖縄に落ちているかというと縫製工場だけが機能しているらしい。「ちょっと違うんだけどね」って。クールビズやウォームビズと同じような形でどんどんできているわけでしょ。それもよく考えると、みんな輸入ものだしということで、その辺から疑問が出てきますよね。

山本　かりゆしウェアとかあの辺を言い出したのは、いつぐらいなんですか。

昭子さん　この五年、一〇年にならないんじゃないですか。

山本　割合最近の話なんですね。

昭子さん　そうですよ。真南風（マーパイ）のほうが先ですよ。

山本　コンセプトがまるで違いますね。

昭子さん　違います。でもそれが沖縄ではまかり通って、だんだんひとつの産業として定着してきました。このまえ、八重山で何か新しいものを産業としてしたいということで、数億の予算があるけれどもそれを投資したいという調査が来てたんですけど、話を聞いたらぜんぜんちぐはぐなプランだから、それはちょっと上の方が知らなすぎるという感じで、今、非常におかしな時代なのかもしれない。

最初の公開講座をしたときに、先生がこれはいけると。ですけどあのときはこんなに絹が落ち込むということは考えてもいなかった。

山本　かなり急激になくなっていった。

昭子さん　そうですね。けれどもこれは八重山のひとつの産業としていけるなと。今でも設備は立派にあるんですよね。ただ使っていない。技術もあります。もったいないですよ。竹富からこっちへ来たとき、竹富はほとんど木綿でしたから、それも倉敷の民芸の人たちからの援助で成り立っていて、染料もないし糸もない。ここに来たときに何もなかったから、ただからっぽの機だけをもって来て、あとは多少の竹富式の技術があっただけで、材料としてはまったくなかった。じゃあ何からはじめようかといったときに、何もなくて何ができるかという、もう決心ですよ、自分の。本当に素材を買わないという覚悟を決めた。

山本　竹富にいらしたときには、自分で糸をつくろうとか染料をつくろうとかというのはやっていなかったんですか。

昭子さん　そういう発想はなかった。ちゃんとお膳立てがありましたから。まあ、苧麻と芭蕉だけは祭りがあるのでありましたし、栽培もしていたので時期がきたらやらなければならないので。でもそのぐらい。あと、染料も、わたしが来たときには藍もなかったです。一人だけおばあちゃんがいましたが、藍染めは小浜島に糸を送れば染めてくれますので、糸は染めに出してました。だから、基本的に竹富には染めはなかったと思いますね。以前は絣(かすり)をしばって小浜島に出していたそうです。

西表で知った「発見」の面白さ

山本　先程の、竹富から西表へという話の続きですが、竹富の時期は、今のお話では、糸は苧麻とか芭蕉とかはあって……。

昭子さん　必要に応じてつくっていました。

山本　それ以外は他から来る糸を使っていたんですね。染料も自分たちでつくるということはあまりやっていない。もっぱら織る。そういう形から、西表に来ることによって、そもそもそういうものが何もないということを前提に、そういうところで何をやるかということからスタートした。

昭子さん　それは相当意識しないとできなかったと思うんですけど。あえて、そんなにお金もなかったしそういう環境だったから、意地でできたんだと思いますね、今から考えると。竹富にいたら、おそらくそんな苦労してそこまでやるような気持ちにならなかったし、今までもやってなかったたし、恵まれ過ぎてて、あれが欲しいこれが欲しいというとパーッといつのまにかつくれたという感じです。

山本　そこの環境の変化をかなり意識的に選ぶということがあったんですね。

昭子さん　そうですね。それを意識しないとできなかった。

山本　つまり、それまでの八重山上布のあり方に対する疑問というか、もうちょっと違った形でやらなくちゃいかんというかやろうという気持ち。そのためには新しい環境が必要ではないかという意識と、西表に来ると何かやるにも何もないという、そういう環境だった。その両方ですかね。

昭子さん　両方ですね。ついつい弱音を吐いて、あれ送ってくれ、これ送ってくれとここまで気持ちとしてはあるんですけど、やっぱりそれをやると簡単にできてしまう。そうではなくて、自分で自分自身を追い詰めていくということをあえてやったということで、自分の弱いところ強いところが見えてきますよね。

それでヤッターというときの達成感みたいなものを味わうと、これはもう、なかなかうれしいことで。人にはいえない程喜びが。その辺がものをつくり出す喜びというか、本来の創作の喜びというのは発見ですよね。つくり出すというのではなくて、わたしの場合は発見でしたね。もちろん伝統的にはあるのかもしれないけど、わたし自身が発見した。例えばヒルギを染めるときに、ヒルギの皮を剥ぐと二層になっていて、かさぶたのようにかかっている皮が二つあるんですね。普通は外の方が染まりそうなんですよ。ところが中の方の、一番幹にくっついている皮の方が、色がなかなか今までに見たことがない色なんですよ。でもどう見ても外の方が濃いし、色が出そう。でも、あえてそれを全部省いて、二種類に分けて染め比べてみたとき、内側の方が非常に透明感のある色。同じ赤茶なんですけど、やっぱりこっちのほうが絶対透明感がある。これは自分にとっては発見ですよね。見つけたーっていう感じ。それから、ヒルギも染まるんだということで、浦内橋を見たときに、ウワーッとあるじゃないですか。これは嬉しいことでしたよね。ひとりでにニヤッとするというか。これだけ全部自分のものだというようなあとで、これは指定されていて、採っちゃいけないものだということがわかって考え込んだ。

そういう発見の積み重ねみたいなものが。芭蕉にしても、まわりに先生が誰もいないわけですから、自分でやる以外ないでしょ。そうすると全部自分の責任ですよね。そういう境地になったときに、うまくいったときの喜びというのは、ちょっと、それを味わってしまうと、次々とこれは何だろうあれは何だろうというふうに、それが創作意欲というのかもしれないですね。そういうものがだんだん出てくるものなんですよね。だから、八〇年代はものはできてない時期で、西表が何なんだというような、あっち行ったりこっち行ったり、あれしたりこれしたり。植物もありとあらゆるものを、これは染まりそうだとすぐやってみたり、そういう実験ばかりですよね。そういうことの繰り返しでした、八〇年代は。それで糸ができ出してというのが一〇年ぐらいですからね。九〇年に入ってですよね。で、九五年頃から発表ですよね。はじめはこの島で暮らせるだろうかとも思いました。竹富を出てくるときは、今亡くなってますけど叔父にいわれました。「行くのはいいけれども、一週間ぐらいで帰ってくるはずだから、風呂敷包みひとつでいいよ、別に何ももっていくことはない。」それだけいわれてきている。あとの親戚はみんな「あんなところ、あんたが農業できるわけないし」とか。もう、あれはできない、これはできないばかり。おそらく一週間、一ヶ月いればいいほうだから、荷物なんか一切置いていきなさい、いつでも帰って来なさい。それぐらいの覚悟でした。自分もそうでしたからね、そんなにいろんなものはもっていかない。ただ、道具だけは、何ができるかわからないからということで、船を一艘チャーターしました。それで機織道具一式、それだけでした。だから、糸にしても染料にしても、ここで何ができるかと。でき出してきたらすごく面白いものですよね。ほぼ、テスト用の白い残糸ぐらいしかもって来てませんでしたから。

加工の知恵がある竹富　自然のストックを大事にする西表

山本　今のお話の「発見」というのが八〇年代のキーワードのようですが。

昭子さん　そうそう、「見つけた」とか、「これわたしのもの」というか。それが発見ですね。

山本　竹富にいらっしゃったときには、あまりそういう感じがなかったのですか。

昭子さん　ないです。必要なものはすべてありましたね。

山本　竹富にいらした時期には、伝統的なものともうちょっと新しいものの対比というか、そういういわば問題意識というか、伝統的なものの継承もいいけど、それをベースにしながら新しいものをやっていく必要があるんだというようなことは意識されなかった？

昭子さん　そういう意識はなかったですね、自分の中には。でも、やろうとすると、竹富の技法しかないわけですから、それを媒体にして自分が表現するしかないですね。それが伝統的な技法であったということで。

山本　竹富にいらしたときは伝統的なものをちゃんとやるんだという意識が一番強かったということでしょうか。

昭子さん　そのために帰って来たんだから。もともと京都から帰って来たきっかけというのが、竹富民芸館を立ち上げるために帰って来たわけだから、それしかなかったですよ。それで上布をやっていろいろ疑問があって、それでもそれしかない、そういうもんだということで、新垣幸子〔一九四五年生まれ。染織家。八重山上布の第一人者〕とやってたわけだからね。だから、そのときの技術、技法は、竹富でちゃんと学んだもの。それでこっちへ来たら技法も何もないわけですから。

山本　教えてくれるものが何もない。

昭子さん　誰もいないし伝統もないし。

山本　大変な不連続なわけですね、そこは。

昭子さん　そうですよ。ただ、織り出したときに近所のおばあたちが「昔、自分のおばあちゃんがやってたよね」と六〇代の人たちが。だからもう皆無ですよね、完全にここはないんだなと。ぜんぜん話もできないし。

山本　なるほど。竹富から西表へという大きな環境の変化が何なのか、どういう意味をもっているのかということは、いろいろやっているうちにわかってきたということですね。

昭子さん　そうですね。竹富にいたらこんなことできなかっただろうし、気がつかなかっただろうし。だから、今もそう思うんだけど、半分は地の利だとか環境だとか、そういうものとコミュニケーションしながら、今風にいえば共生していくというのがここの伝統だったんですよね、やっぱり。西表そのものがそうですよね。外とは隔絶された島で、自給して生きていくためには、山に入って猪を捕って海に入って魚を捕って、で、祭りごとをして。そういう生き方をこの島自体、祖納（ソナイ）の人たちがしているわけだから、そういう生き方がここの生き方ですよね。だから食べることでも、今の時期はこれを食べなきゃいけない、今の時期はあっちへ行けばあれがあるからあれを食べるという、そういう暮らし方ですからね。どこの家へ行っても猪食べてるし、偏ってるな、もっとバランスよく食生活しなきゃいけないんじゃないかっていうんだけど、ここの人たちはやっぱりそれで生きてきた。自然の知恵が、竹富もいろんな知恵があるけれども、ここは土地の中で生きていく知恵というのがはるかに濃い。

山本　何でも手に入れるためのネットワークがつながっている。竹富はね。

昭子さん　それで、竹富の人ならこうするだろうとかよく考えるんですけど、やっぱり違いますね。竹富の人は、蓄えなきゃいけない。土地が狭いし、そういう知恵があるんですよね。工夫する。ないものを工夫する。ここは本当にもう、あるものを採るだけですよね。工夫するというのがあまりないですね。竹富なんか、アーサなんかもいっぱい採ったときには佃煮にするとか乾かして保存食にするとか。ここはそういうことをしないですね。もう採りっぱなし、あるから。で、採り過ぎなくて、必要なだけ採りなさいというのがここの考え方ですよね。自分に必要なものだけを採って使うというのがここの伝統で、それがすごくいい形でバランスがあることですよね。それが大きな違いだと思います。やっぱり人間性が違います。竹富の人は知恵で工夫して、ないものをどうやってやりくりするか。

山本　端的には、紅露の芋の掘り方が西表の知恵の代表的なものですよね。

昭子さん　そうですね。竹富の人は、採れるときにうんと採ってそれをすってエキスにして蒸発させてビンに詰めておく。そうやって紅露を使っていましたからね。ここではそんなことはしない。時期をみて必要なときに採りに行く。

山本　竹富は、自然の中から得られるものが、季節によって限られている。それをいかに上手に保存や何かをして使えるように加工するかという知恵が発達している。西表の方は、自然の中にちゃんといろいろストックされているので、そのストックを壊さないように、必要な分だけ採ってくるという。

昭子さん　その辺の違いかもしれません。やっぱり祭事行事によっても、祭りごとのやり方を見ても、竹富の種取りは西表のシチとだいたい同格のお祭りなんですけど、やり方が違いますね。中の仕組みとか役割分担、見せ方というのがぜんぜん違います。ここは一切見せる必要はない。自分たちでやっていけばいい。向こうは、せっかく人が来るからみんな見たいんだからできるだけ見せて、お金を落としてもらうように。そういう知恵がかなり優れてる。でも、だんだんここも、公民館のやり方とか竹富のやり方に学ぶことがあると、一人が見て来て「こんなことしてた、酒も売ってた、Tシャツも売ってた」と。そしたら中で真二つに分かれて。そんなこと祭事のときに誰が金もうけするかという人と、せっかく来るから、みんな欲しがっているからいいじゃないかというのが。今、世代交代だから、そういう議論が去年あたりからあって面白いですけど。向こうは一切「ハイ、公民館で決めて」。中ではケンケンガクガクやるんですけど、一旦決まるとスポッと引いちゃう。ここでの違いですね、価値観の違いかもしれない。

山本　竹富の場合は、意思決定の仕方、ちゃんと決めたらそのとおりやっていくというのがあるわけですね。

昭子さん　そうしないとあんな小さいところ、すぐ壊れてしまうんで。

山本　コミュニティの関係を上手につくっていくことが非常に大事であるということですね。

昭子さん　そう。

山本　西表の場合は、自然と上手に付き合う方が大事である。

昭子さん　自然があって、コミュニティはそれに追随していくというような形なのかもしれないですね。竹富にいたときにはぜんぜん見えなかったところが。中で見るのと外から見るのとの違いというのがえらく鮮明になってきた。

西表には芭蕉がいちばん合う

山本　先程の八〇年代の発見の集まりが紅露工房の九〇年代に繋がっていくんだと思うのですが、発見の面白さということと紅露工房の環境をつくっていくことが、両方が行ったり来たりの関係だと思うんですね。例えばヒルギのどの部分がきれいに染まるということを発見するというようなことから、じゃあどういうものをここに植えていこうとか、どういうレイアウトにしたらやりやすいとか、そういうことにだんだん繋がっていくわけですね。

昭子さん　星立からここに工房の本拠を移そうとしたとき、金星とわたしの考えが分かれた。彼は祖納（ソナイ）の人間ですから、祖納のコミュニティに拠点をつくって、周辺の人たちを巻き込んでいけばやりやすい、人も集まるしという考えがあったと思うんですね。でも、わたしの場合は、つかず離れずの距離感にしたかった。

山本　中にどっぷり漬かってしまうのはまずいということでしょうか。

昭子さん　はい、忙しすぎて全部が見えなくなる。だんだん彼もそれがわかってきて、正解だったと思うんですね。工房の後ろは実は町有地で、まわりを町から借り受けました。宅地ではないので、ここを仕事の拠点にしようと決めたわけです。まずは水、それと田んぼ。何でも自給。一年間の食い扶持は米をつくればいい。あとは山と海で自給できるということでそれもOK。それと、何もなかったけれど土地と時間だけはいくらでもあるので植えてみたら、ほんとによく一〇〇パーセント発芽した。一番簡単だったのが芭蕉だったんですよね。手がかからないし効率はいいし。あとから気づいたことですが、どこへ出しても糸芭蕉の力みたいなものは、かなり特徴を出せる繊維であるということがわかったので、意識的にずーっと使いだした。

山本　竹富を離れようと思ったときには、西表で芭蕉で何かやろうと思ったことはあったんですか。

昭子さん　西表にきてから現実にすごく忙しい。なるべく手がかからなくて効率がいいというものがたまたま芭蕉だった。

山本　必ずしもはじめから芭蕉をやりたいということではなかった?

昭子さん　必ずしもなかったです。というのは、廃村に行ったときに、村のてっぺんに芭蕉の群生がうわーっとあったのを見て、こんなところにあるんだ、生きてるんだ、村がつぶれて何十年も経ってもあんなに元気だということで、その生命力に驚いた。これが一番簡単ではないかということと、実際に植えてみると、最初はかなり間隔を空けているのに三年もすればびっしりになっているわけです。これも発見ですよ。手入れはさほどいらないし、時期になったらちゃんと収穫できるし。これも発見ですよ。実は芭蕉について植物、生態を勉強したわけではないんですが、どんどん根の方で繋がっていって、時期が来たら芽が出てという。

山本　何か播いたわけでもないのに。

昭子さん　播いたわけでないし。台風のときでもけっこう生きているし。それも発見ですよ。こんないい繊維があったらやらないわけはない。あとのものは全部手がかかる、本当に時間と手がかかるということに気がついてやり出した。こっちがないときは、古見（コミ）だとか東部に行く途中、道々にワンサとあるんですよ。それを手入れすればいいものになるのにということはわかっていたんですよ。でも時間的なこととか、いつでも見られるような状態、自分の身近に集めておくのが一番いいということを生活していて思った。西表は、どこへ行くにも歩いていけないところですから。竹富で育っているから遠いところではだめで、自分の足で行けるところ、手の届く範囲内でやるのが一番楽なのね。まずは自分の行動範囲内のことで考えるしかないわけですね。でも、この調子だったら、五年、一〇年もすればわたしが思うような生態系ができるなあと思ったんですけど。三倍ぐらいかかってしまった。

山本　だいたい一〇年だったんでしょ。八〇年代でひととおりの環境ができたという。

昭子さん　わかっただけで、目には見えてこないですよ。いくらやっても雑草は生えるし、竹の根ってなかなか種切れしないし、とったかと思うとまた生えるし、それのくり返し。竹藪を今のような芝にするのにずいぶん手がかかった。風が吹けば土ぼこりが飛んでくるようなところでしたから。芝を植えなきゃならないね、ということで。面白いですよ、雑草も次々変わるんですよね。それも発見ですよね。最初は竹があって、それをとると今度は茅が夏に生えてくるんです。茅の根っこもひどいもんで、茅の根っこを切らすのにも二~三年かかったかもしれない。その、茅の根っこが切れたと思ったら、力草みたいなものが生えてくるんですよね。とてもじゃないけど芝どころじゃないですよ、まだまだ。本当は芝を植えたい。それをやると時々スミレか何かが咲き出すんですよ。「スミレが生えてるとそこはいい環境だよ」って安渓貴子〔植物生態学者〕さんがいっていた。スミレが咲き出すと、ここは人間が住むのに快適なところになる。そういうところにスミレとかハコベとかが飛んでくるんですって。人間と関わっている。最初はスミレはあっちのほうに咲いてたんですよ。それがやっぱり移動するんですね。次の年になるとこっちに。今はこの辺に咲くんですよ。

山本　雑草が生えてくると何回も征伐をして、やっているうちに生えるものが変わってきて、そういうのをくり返しているうちにスミレが咲くようになる。面白いですね。

昭子さん　そうなったら快適な環境になりつつあるんですよ。それから芝がどんどん増え出した。それまではいくら植えても負けて負けて、いつの間にか枯れてしまって。でも、今は、一度生えると自分でドワーッと伸びていく。日陰でも伸びてどんどん生えてます。だから風の通りがよくなったということで、だんだん快適な環境になってきた。木も大きくなるし、このユウナの木なんかもここに生えてたんですけど、大きな台風で曲がっちゃって、倒れたら困ると思ってつっかい棒で支えている間にそのままの状態で枝が。それで一番メインの樹になって。ということで、やっぱり植物というのはすごいなあと思います。

山本　そうすると、まず糸については芭蕉が扱いやすい、この環境では一番簡単だった。

昭子さん　本当は木綿をやりたかったんです。はじめは、ここ全部に植えたことがあるんです。二〜三年はやった。でもやっぱり開花のときに台風が来るんですよ、夏。この花が咲いてうまくいけば綿になるなというときに、台風で全部やられちゃう。これはどうしようもない。

山本　台風に負けるものは淘汰されてしまうのが西表の風土ということですね。

昭子さん　こんなに苦労してまでやる必要はないということで、あっさりやめた。それまでは種を一年一年保存してた。それと紅花と。ずっとやってたんですけど、これはここであえて苦労してやることもない。それよりも、台風にも負けないし楽だし成長も早いしということで、やっぱり糸芭蕉以外にないなと。もう、決心。そうなったらもう早いもんで、じゃあこれを中心にして何ができるかということに集中しましたね。それからですよ、繭のことも。

山本　まず、芭蕉が中心になるということがはっきりして、それと合うものということですね。

昭子さん　それでやっぱり交布（グンボー）です。伝統的な交布なんです。

山本　四方先生との交流というのは何年ぐらいからですか。八〇年代のはじめでしょうか。

昭子さん　先生が琉大に来られたのは何年ぐらいかな、金星がかかわってるから五年間です。

山本　そうすると今の、芭蕉を中心にしようというのがはっきりしてくるのと、養蚕をいろいろやるのは、ほとんど同時に進んでいるわけですね。

昭子さん　同時に進んでます。ずっと未だにそれが未完成ですけれど、ほぼ続いている。

西表に合う桑

山本　桑はどんな品種を植えたんですか。

昭子さん　世界中のほとんどの品種、桑のある国、熱帯の方の品種を植えました。その中で、枯れてしまうもの、そのままでいい、草もそんなにとらないでいい、ピラチカでもできるように、一番最後に残るのは何かという実験も先生の中にはあった。

山本　要するに西表に合ったもの。

昭子さん　合ったものをつくり出したい。結局は琉大一号二号というのが、休眠もしないで年中桑が食べられるということがわかって、だから桑づくりは先生は完成したんですよ。先生の中で完結した。それからコスタリカかな、熱帯の桑。農林省あたりの奨励品種の早生のものはほとんど休眠してよくない。

山本　淘汰された。

昭子さん　淘汰されちゃった。生き残っているのは、在来の島桑と、四方先生が開発した琉大一号、琉大二号というのがすごくよく育っている。

山本　シマ桑というのは、熱帯的な桑との関係でいうと、どう違うんですか。

昭子さん　日本の養蚕がすごく盛んな明治大正の頃、ここは種のものをつくる地域だったそうです。それは桑がいいから。その頃の桑がけっこうあるんですよね、シマ桑といってこんなに大きくなっているのが。どこの品種かわからないですけど、先生はシマ桑といってました。その実生の実と先生のもっているものとかけ合わせてつくったのが琉大。稚蚕のときと、二齢、三齢、上蔟（じょうぞく）する頃のものはまたこれがいいとか、一号二号の与え方とか、そういう研究までされて、もう桑の研究は終わっているんです、ここでは。

次に蚕種。要するに繊度が細くて強い糸ということで。多少真っ白じゃなくても少し黄味がかったものでも、それは野生種、天蚕系の品種で、繭は小さいけれども糸は強い。芭蕉に非常に近い色目で、ツヤもそうピカピカでもないけどというようなのが生まれたんです。だんだんわかってきた。でも、先生とわたしたちがそうやって努力している中で、蚕糸業界はどんどん落ちぶれて、もう各産地はなくなってしまったわけでしょう。それで先生は逆に焦り、やはり自分がちゃんと完結しなければいけないということで、未だに続けられているんですけど。そういう中でやっぱり繭からしたいという人たちが作家の中で出てきているから、だんだんまた養蚕農家が出てくるかもわからないですけど。

ピラチカ養蚕へ

山本　四方先生は、西表と並行して石垣島の明石での養蚕の育成を試みられたわけですね。

昭子さん　それは四方先生が、紅露工房は個人でできるやり方の実験、石垣島の明石は産業として成り立つかどうかの試みということで、西表で育てた桑を分けたんですよ、途中で。で、石垣島の明石は本格的にやって成功したんですね。志村明の引いた糸が那覇の織手の方に配られて、糸がやっぱりいいんだというところまできましたよね。いいうちはよかった。西陣に売ったり、西陣の最高の糸に、値段もすごくいい値段で取り引きされたようですけれども、中国からの生糸の輸入で糸がぜんぜん売れなくなってだめになって、結局、花栽培と野菜栽培に変わって、琉大一号二号の桑は全部根こそぎにして農地改良したんですよね。うちは細々として相変わらず続いている。向こうは波が来ると経済的なダメージで、農業というのはしょっちゅうそういうことになるというのが実験できた。それも先生の中で、研究者ですから、成果だと思うんですけれども。じゃあ、今度どうするかということで、やっぱり一人でもやっていけるような、誰でもできるような方法が一番いい、どんな不況がきてもやっていけることがいいということがわかって、今はピラチカ養蚕。ピラチカというのは、なまけものでもできる養蚕の方法ということで、次の研究を。それはもう、金星と一対一でやってますよ。桑が五本あれば、それに放し飼いをするんですね。

山本　放し飼いは今はどういう状態ですか？

昭子さん　今期はまだ、四月ぐらいから孵化させる。今、冷蔵庫に種はちゃんとあります。

山本　冷蔵庫にいるんですか。

昭子さん　桑が出てきたらはじめる。二齢までは小さいところで飼えるんですね。上簇（じょうぞく）のほうが一番手がかかるんで、そうなったときに木に放す。ここはそれも成功したんですけど、一番の問題は野鳥が多いことだったんですね。鳥にやられるんです。そのために考えたのは、ネット。ネットで袋をつくって、それを被せる。で、いつでも食べるだけ食べられる、蚕の習性として下から食べるんですけれども、なくなったらどんどん自分で上に上がっていく。その蚕の吸盤も野生の本能が蘇って強くなった。風が吹いても台風で雨が降っても「何もしないでいいからほっといて」と先生にいわれて、それのくり返しで何年もして。最終的には繭の白い花が咲いているわけです。それを拾っていけばいいという、一連の実験だった。「琉球シルクをめざしてのピラチカ養蚕」。それも去年の夏、琉大農業研究会というのがあって、それに報告してます。論文が出ていると思いますよ。パインの研究、サトウキビの研究、いろんな研究者がいて、毎年報告会があるんです。四方先生は二回、ピラチカ養蚕の報告してると思うんですね。結局、沖縄県立芸術大学の人たちが、地のものの糸づくりをやりたいということで繭を提供してくれないかというのがあったんで、講師は志村明で、その時期だけ志村さんが県芸に来て講師をやっています。そのためにまたはじまり出した。当時のなごりのものをまた復活し出したんですよね。時期になって、春と秋が飼いやすいので、年に二回もすればいいだろうと。今年も多分続くと思うんですけれども。それはもう、学生たちの実習用のものです。

山本　ピラチカの蚕の糸はカンボウジュと比べると？

昭子さん　蚕の品種をかけ合わせているんで、カンボウジュよりはもっとやさしいんですよ。色も白いしセリシンも少ない。もう、引きっぱなしでも芭蕉と使える。カンボウジュの場合はセリシンが多いので、かなり黄色味も多いし固さがあって、やっぱりちょっと違うかなという感じですよね。だから、その品種を、わたしたちじゃ種までできないので、たいていは四方先生がきっちりこっちの事情がわかっているので、自分が欲しい糸に合わせた品種を送ってくれるので、まあ、ここは飼うだけですよね。できたものはぜんぶ自給用に使っていくということです。それはもう、座繰りで引いたり、手で引いたり、やりたい人はどんどん増え出していますね。自分の絹と苧麻と芭蕉の交布（グンボー）。そういうやり方を個人的にやればできることだからということで、若い人たちにもそういっています。

山本　そういう話をしているわけですね。

昭子さん　そういう話をして、どんなものをつくっているかと聞かれると、あくまでも自給的なことしかやってませんということで。でも、そういうのは特殊だなという気もしたんですよ、他の人たちの話を聞いて。やっぱり問屋の希望を受け入れるとか組合組織でとかそんなのをかかえてて、それにはどうすればいいか。素材というのは一〇〇％自給というのは成り立たないかも知れないけど、どの部分かはぜったい自給して、それがそこの土地のものになり得るというところを決めないと、お金を出せば何でも買えるわけだから、中国麻を使って八重山上布といえるのかどうか。そこに何か地域の工夫をやらないと、風合いとか、微妙な伝統のものが継承できないんじゃないかというのが、わたしの持論ですね。わたしなんか、そんなにたくさん注文されたら困るし、自分のできる範囲内で工房を維持していく。それが楽しみ。

絹芭蕉から交布（グンボー）へ

山本　先ほどの八〇年代の発見の話の続きですが、芭蕉と絹が同時進行で主な繊維素材としてはっきりしてくる。それ以外のことはそれに合わせて考えていくということですね。

昭子さん　やりながら考えてますね。種類とか、糸の採り方とか、細い太いとか。まあ、きりがなかったと思いますけど。

山本　交布の、芭蕉と絹の組み合わせ方はすごくいろいろあり得るわけですね。その辺を試してみながら、かなり自分なりにこれがいいという感じをつかむための試行錯誤があったわけですね。

昭子さん　九〇年代も試行錯誤ですね。発表してわかったことがあって、また持ち帰ってやり直すという、試行錯誤しながらわかってくる。未だにそうだと思いますけど。

山本　はじめは絹芭蕉といってましたね。絹芭蕉という形で発表したのが九〇年代？

昭子さん　そう。一番はじめに絹芭蕉といって出した。そしたらすでにあったんですよ、それをやっている産地が。九州のどこかで、呉服屋さんが絹芭蕉といって売り込んでたんです。でもそれはぜんぜんこっちがいう素材のではなくて、芭蕉モドキなんですよね、何かそれに似たような。芭蕉はぜんぜん入っていなくて。でもイメージが、あれは呉服屋さんで売り出しで、パテントか何かあったのかな。絹芭蕉というのは絹の生絹で織った、セリシンがついたままで織ったのを絹芭蕉といっていたんです。

山本　交布ではないんですね。

昭子さん　それがわかって、まあ、呉服屋さんも使っていたし、わたしも指摘されて、向こうの方が本物でこっちが偽物じゃないかというニュアンスでいわれたことがあって、スパッとやめた。そのあと、交布というようになった。で、みんな芭蕉布といいたいわけですよ。やっぱり喜如嘉（キジョカ）のことをわたしがすでに知っているから芭蕉布ではないと言い続けていたんだけれども、最近は芭蕉交布、その方が正直かなという感じ。

三宅一生との出逢い

山本　今おっしゃったように、発表して反応でいろいろわかってくるというのは、どういうことですか。

昭子さん　つくる側よりも使う側の方がかなりシビアにものを見ている、お金を出す方だから。はっきりしたものが見える。だから、この世界にいる間は気がつかないですよね。いいか悪いか。できるものを自然に何も考えないでつくっていたものを発表して、消費者に売れることによって、そのときのニーズもそうだし、そのときの流れで、みんなの意見というのが、それは確実なところですよね。使う側だから。むしろつくる側よりも使う側の方が、モノとして見てくれるのは確かなことだなということに気づくんですね。展覧会で発表したから。そうすると、いわれたことを持ち帰って、じゃあこうしようというようなことのくり返しで、だんだん混ぜ方だとか。ただ、自信をもって、芭蕉交布はいいというか独特だからこれをどんどん完成したいと思ったのは、三宅一生〔一九三八年生まれ　ファッション・デザイナー〕さんの目だったと思いますね。何点か提供したときに、芭蕉と絹とを合わせた一枚のジャケット地を選び、これを形にしてみたいといって使ってくれたのが一生さんだったんですよ。自分ではこれは自信作だと思ったものではなくて、非常に素直につくったものが、一生さんは「これは素晴らしい」といってくれたんです。それもやっぱり発表してみてわかったことで、同じことですよね。

山本　その一生さんと協力関係は九〇年ぐらいからですか。

昭子さん　九〇年末頃ですかね。一生さんの展覧会に出したのはこれです。対談したことがあるんです。九二年の一〇月ですね。一生さんの出前講演会というので、こっちが出前をして、一生さんの事務所のギャラリーで展覧会と講演会をしているんです。それで、このあとですよね、わたしがミモザ賞〔真のファッションを陰で支える担い手を表彰〕を受けたのは。

山本　この時期の一生さんとのやりとりはどのなものだったのですか。

昭子さん　布を見てもらって、形にしてくれた。服として、呉服以外ではじめて形にしてくれたのが、絹芭蕉でした。それからです。

山本　一生さんの服はどういうものでしたか。

昭子さん　ジャケットでした。ショーでやりましたよ。たぶんあのあと、ビジネスのお話や何かがあったりしたんですけど。やっぱりビジネス相手ではないと思いましたね。要するに量でくるから。ある程度の量を供給できないとビジネスにならない。その辺で一応、いいことではあるけどそれは対応できない、わたしだけの力では。

山本　絹と芭蕉の生地を使って一生さんはジャケットをつくったのですね。

昭子さん　ほぼ自分の中でも、これは織りやすいしいけるかなというものを選んで。他のほぼ完成されたようなものもあったんですけど、それはぜんぜん目もくれない。

山本　一生さんはどういう形で知り合うことになったんですか。

昭子さん　一生さんを育てた鯨岡阿美子〔一九二二〜一九八八年　服飾評論家〕さんの紹介だったんです。ちょうど、四方先生の何回目かの公開講座に西表に来ているんですよ。そのときにはじめて出逢って、こっちへ来て、まだ、田んぼに鴨を放して仕事をしていたときにすごく感動して「鴨で田んぼをつくっているんですか」。芭蕉を見てすごく感動されて。あれから毎年、仕事以外に。彼はダイビングが好きらしく、ほぼ時間があれば毎年来てましたね。だから、いろんな情報というか、直接仕事にはならなかったけれども、わたしとは同年代だし、一生さんのつくるものというのは、感覚的なものとかいろんなものがすごく面白かった。「これぐらいのものを機械でつくっているから、これを真似しても手の仕事ではないな。手の仕事だったら、これ以外のものをしないといけないんだな」ということで、そういう基準として、彼のブランドを見続けてましたね。「これぐらいのものを機械でやっているわけだから、これを追ったらだめだな。機械ではできないものをつくらなきゃやっぱりだめなんじゃないか」ということで、それで芭蕉の生かし方に気がついたということがありましたね。当時、八〇年代から九〇年代はものすごくいいものをつくっていましたからね。本当に手の仕事を彼はわかっていて、そういうものからヒントを得てやっているので、ブランドをつくっている人というのはかなりわかっている人ですよね。手の仕事もわかっていて自然のこともわかっていて、わたしに、「植物染料で染めた色見本をつくってくれ」とかいわれました。わかったことは、本物を見て、本物に近い、手の仕事に近いものを機械でつくるというのが彼の仕事なんだなと思った。はっきりこれはいってましたからね。わたしはたった一人の人のものをつくるけど、彼はできるだけ多くの人たちのものをつくるのが使命であると。だからといって品位を落とすとかしちゃいけないんで、絶えず本物を見続けて。あとでわかったことは、日本民芸館にもよく通っている人で、柳宗理〔一九一五〜二〇一一年　インダストリアル・デザイナー。柳宗悦の長男〕さんともすごく親しくて。

山本　わたしがはじめてここに来たのも九二年か九三年だと思うんです。

昭子さん　そうですか。九二年には何かできてましたよ。

山本　はじめの絹芭蕉というのをそのときに拝見していて。覚えています。その柄も。格子の柄の。

昭子さん　これですね、日本民芸館で撮った写真は。篠山紀信〔一九四〇年生まれ　写真家〕さんが撮った「人間関係」の写真。これは、民芸館はめったに入って写真なんか撮らせないところなんですよ。特別に柳先生が一生さんのことであればということで許可したのだと思います。だから、非常に根っこの部分、沖縄のいい部分というのをすごく大事に思っている人ですよね。

芭蕉糸と絹糸の染まり方

山本　それで、さっきの八〇年代にまた戻って、そういういろんな意味での発見があったんだと思いますけど、染料植物の、これはこういう性格をもっているんだということがいろんな形でわかってくる。それと染料と糸の関係というのが、今の絹と芭蕉と染料の関係。その辺のいろんな自分なりの使い方が見えてくるというのが一番大事な発見だと思うんですね。
昭子さん　面白いところです。大事な発見ですね。
山本　具体的には、こういうことなんだという話をしてください。
昭子さん　具体的にいうと、ひとつの染料を染めたときに、合糸をしている。合糸の糸というのは売っていますけれども、自分でつくった糸を合糸にして染めると、その違いがすごくよくわかる、見えてくるんですよ。例えば絹と芭蕉と撚糸してますね。そうすると、絹はものすごくよく染まるんです。芭蕉は染まらないんですよ、はじくんですよ。それであぁ、芭蕉は絹のようには染まらない。それですでに濃淡ができていて、それはもう味わいのある糸ができる。すべてそうです。

山本　撚られていて？

昭子さん　撚る場合と、経（たて）は絹、緯（よこ）は芭蕉という場合とありますよね。

山本　両方入っていると、染まる部分と染まらない部分ができる。

昭子さん　それは醜い場合と、すごく効果的な場合がある。でも、ぜったいに失敗ということがありえないとわかったのは、使い方。使い方を選べば失敗はない。例えば着物にはしない、スクリーンか何かにする。試織をしてみてわかってきたんですよね。芭蕉はハリがあって。植物と昆虫の違い。それは常識的には絶対に合わない。先生方にはそんなのは邪道だとか不純だとかいわれた。すごく批判されたことがあるんです。伝統的には経芭蕉緯芭蕉。それが芭蕉布ですよね。そのときに、じゃあわたしは不純なことをしているんだろうかと問い返したぐらい、最初は批判されてましたね。それで芭蕉布ではないんだと言い出してきたんですけれども。ただ、面白いのは、やっぱり染料によって染まり方が違ってくるということ。もちろん素材が違うから色も違ってくる。でも、絹のように芭蕉は染まってくれない。芭蕉はあんまり染めない方がいいということがだんだんわかってくるんですね。芭蕉そのものに力があるんだ、それを素直に生かしたことがいいんだということがだんだんわかってきた。無理に染めると、何度も絞ったり染めたりやると、毛羽が出てきてぼろぼろになってきて、糸が傷んでくる。

山本　糸の力をなくしてしまうことになるんですね。

昭子さん　なくしてしまう。ツヤなんかも媒染で変なふうになるということで、あんまり面白くない。一番いいのは芭蕉は染めないこと。その方がツヤも保てるし、芭蕉そのものの力が見えてくるんだということがわかった。そういえば昔の人もぜんぜん芭蕉を染めてなかったです。絣（かすり）だけは多少染めたけど。

山本　部分的に染めたけど。

昭子さん　それはもう、昔の人はわかってたんだということに納得して、無理にやらなくなったんですよね。だから、しょうがない、染めたいときには絹が染まればいいという計算で、バランスよく芭蕉を使っていくという形でつくっています。今は、芭蕉そのものの糸がすごく価値があるんだということがわかりだしてからは、ほとんどそのままストレート。最近皮までこうやって使い出している。捨てていたものも使えるということは、あとになってだんだんわかってくるんですけど。皮は肥料として畑に戻していたんですけれども、乾燥しているとなかなかソフトでいいんですよね。捨てるにはもったいないような。何かに使えるんじゃないかということで。そこは真木雅子さんとの出逢いです。真木雅子さんは、これはバスケタリーにすごくいいという。いくらでも教室で使うから送ってくださいということになって、ごそっと時々送ってたんですけど。そうやってだんだん外の人の目を素直に受け入れるようになった。わかり出してきた。だから、何と混ぜても芭蕉というのはすごく主張する糸だということがわかってきましたね。力が強いし。MoMA（ニューヨーク近代美術館）の展覧会のときに一番正面に飾ってくれたということも、あれだけある中で、芭蕉の糸というのはインパクトがあるんだなって感じました。

山本　先程の芭蕉と絹の組み合わせの話に戻りますが、染まり方のコントラストが効果的ですよね。

昭子さん　色のコントラストと、ハリ、ツヤ。で、わたしがこの二つを合わせようと思ったのは、まず糸をつくっている状態で、生絹と芭蕉の風合い、ツヤとか風合いが、非常に似ていたんですよね。できあがった糸が。ただ色が、かたや白い、かたや生成り。その違いで、ツヤやらシャリ感やらが非常によく似ている。似ているからこれは合わせやすいのかもしれない。

山本　四方さんのつくる糸の中で、芭蕉の風合いとよく似たのができるということがわかってきたわけですね。

昭子さん　それは、四方先生にわたしがお願いしたのと組み合わせの塩梅（あんばい）。じゃあ、そのような糸をつくりましょうといってくださったから。そんなこともできるんだ。その気になれば、芭蕉と合わせてうまくいくんじゃないかと思えば、それに合わせて生糸の方をつくってもらえばよかった。品種、蚕種をつくっていただく。

山本　芭蕉と絹を合わせると馴染む、性格が違いながら馴染む。

昭子さん　性格が違いながら馴染むはずがないという人もいます。だけどそれは、何に使うか、用途だと思うんですよね。そんなに何代も何代も持ち続ける着物には合わないと思います。

山本　そうなんですか。

昭子さん　わかんないけど。まだ何年も経っていないから。

山本　そういうのに合うような、芭蕉と絹の組み合わせは、いくらでもまだあるのかもしれないですね。

昭子さん　そうですね。でも最近は、真似をする若い人たちが出てきたということは救いですよね、わたしにとっては。ああ、やってるなーって。そういう形で芭蕉の価値というのがあながち捨てられなくて生きていく。

山本　芭蕉交布のスディナはつくっているわけですか。

昭子さん　つくってますよ。

山本　それで、着心地は、芭蕉だけでやった場合と比べてどうなんだろう。

昭子さん　コスト的に違います。そりゃあ、芭蕉だけの方が、布としての価値ははるかに高いですよ。

山本　布としての価値は、風合いとか着心地が芭蕉だけの方がいいということになるのでしょうか。

昭子さん　それはその人によって違うと思うんですけど。値段が違う。織りやすさとか。

山本　どういう用途がいいでしょうか?

昭子さん　スディナぐらいまでならなんとか許せるかな。帯を締めるとしわができるので、機能的ではない。それとやっぱり、こういうスクリーンにするとか。でもまあ、やって何年も経ってないし、何ともいえないんですけど。きっちりやれば着物もいけると思うし。着物をつくってくださいという注文もけっこう、京都あたりからあるので、つくってもいいのかなという気もするんですけど。いずれちゃんとした着物とか帯とか、そういう呉服の世界のものもつくりたいというのもこれからの課題のひとつですけど。一連の真南風（マーパイ）は、問題なくできたので。

山本　真南風のスディナでは、絹と芭蕉というのは？

昭子さん　最初の頃、何点かつくりましたけれども。もう自家用になってますね。自分たちが着るように。

山本　コスト的にあんまり、売れるものにはならないという真木千秋さんの判断だったんですかね。

昭子さん　そうですね、千秋さんの判断ですね。うちの布をそのままストレートにスディナにするというのは、千秋さんがいうには、これはちょっと売りにくい、かなりべらぼうな値段になってしまう。それだったら呉服のほうがいいんじゃないかということで、ちょっと真南風にはということですね。ちゃんとしたルートに乗せて、呉服の世界に出した方がいいですよね。それは、需要がなかったからやらないんですけど、最近だんだんそれがきっちり織れるようになってきて、糸もある程度できるようになってきたら、需要が出てきていますから。

インドネシアのジョセフィーヌ・コマラさん〔一九五五年生まれ　インドネシアのバティック工房 BIN house の創立者〕のプレゼント用につくったのが絹芭と蕉の交布（グンポー）だったんですよ。コマラさんに最初会ったときに持って行って見せたんですよね。すごくびっくりして、こんなに美しい、これは何ですかと。それでパートナーのロニーさんに、実はインドネシアが芭蕉のルーツですよといったら、じゃあ自分たちもやってみようと言い出して、教えてくださいとこっちまで来ましたよね、ここでの一九九六年のワークショップのときに。

山本　ここでのワークショップの前にコマラさんと会っているのかな、そのあとかな。ロニーがここに来たときには、糸芭蕉のことはほとんどわかっていなかった。沖縄の芭蕉をはじめて認識したと、インドネシアのバナナを使った繊維というのはそれなりに知っているわけだけど、それはぜんぜんごわごわしていてあまりよくないものだと思っている。だけど、こういうものができるのはぜんぜんわかっていなかった。昭子さんがコマラさんと会われたのは、そのあとだったかもしれないです。

昭子さん　そのときに、プレゼントのためにそれをつくったんですよね。それで何ていうかなという期待もあって。ああいう類いのもの、要するにパーッと羽織るようなもの。形にしないで一枚の布としての感覚が無難だなと思っていた頃です。これは何にするという用途をそんなに決めないで、できた糸をざくざくと自由に織って一枚の布に。で、発表したときに、人によっていろんな使い方をしているというのもまた、気がついたことです。何もこっちが意図的にいろいろ詮索をしてつくるというのではなくて、布として提供してもいいんだ。それを見る人に上手に使ってもらえばいい。その辺も開き直りみたいな気持ちになりました。

山本　それは、あんまり形を複雑にしないで、自分なりに簡単に手を加えて身につけてもらうという真砂三千代さんの考え方が広がってくると、抵抗がなくなりますね。

昭子さん　真砂さんの前は一生さんから示唆を得たけれど、真砂さんと出逢って、そういう考え方がはっきりしてきましたね。

基本となる染料植物

山本　芭蕉と桑が中心になって、あと染料植物をいろいろ植えてみるということをやられたわけですね。いろいろやってみて、生き残ったものとだめだったものと、それぞれどういうものだったんでしょうか?

昭子さん　やっぱり伝統的なものが最終的に生き残ってます。それはよけいな力がいらないということと、間違いない色を出してくれるということです。フクギであるとか紅露であるとかアカメガシワであるとか。外に出して発表したときに、本当にいい色だと異口同音にいわれる使える色というのが決まってきている。面白い色だなとはいってもそれを布にして、ものにしてもなかなか使いにくい色というのはあるんですよね。緑であるとか。色そのものはすごくいいけれども、ただ布としてその色が欲しいだけで、じゃあその布をどう使うかというと使いにくいんですよ、あまりにも鮮やか過ぎて。でも、それを見ると元気になるからとにかく染めて欲しいという注文はあるんですけれども。そういうことはそれなりにやるんですけれども、コンスタントに定番として残るのがやっぱり真南風（マーパイ）の色になってきたんですね。最初の頃は真南風でもいろんな色を出しましたよ。でも次の年、次の年でやっている間に、結局残ったのは四色程。それも、考えてみたら伝統的な昔からあった色ということに落ち着いてきましたね。

山本　四色は、紅露と藍と？

昭子さん　フクギとアカメガシワ。もう、その他に緑とか赤とかいろいろやったんですけど。やろうと思ったら出るには出るんですけど、それは真南風ではあまり使わなくなった。たまに気分的にという程度で。

山本　紅露と藍とフクギとアカメガシワですか。

昭子さん　赤芽柏はグレーですね。これは定番ね。あと、生成りですね。それだけでももう十分、真南風の色、形というのが定番化してきて、間違いない色ということがわかってきて。それをいかにいつでも使えるようにするかというのが気を遣うことですね。やっぱり時期ってあるので。この島のサイクルがだんだんわかってきた。自分の中で、植物とからめてこの時期にはこれ、この時期にはこれというのがだんだんわかってくる。そうすると仕事がすごく楽ですね。

山本　カレンダーがつくれるわけですね。

昭子さん　ええ。で、最近はワークショップで、外からの人たちの体験だとか見に来るのが増えてきましたが、仕事のサイクルがわかってきたからできるようなものですよね。わからないと振り回されちゃうからね。まあ、無理しないで、自然にやる方が効率も上がるし自分も疲れないし、すべてにいいことだということがだんだんわかって。

山本　九二年前後、駒場の民藝館でやられたでしょ。

昭子さん　そういえばやりましたよね。

山本　あのときにはずいぶんいろんな色のバラエティがあった気がするんですが。

昭子さん　あのときは写真もないし、どうしたのかな。あのときの資料が何もないんですよ。民藝館で何をやったのかぜんぜん覚えていないんです。何でやったのかな。

山本　たぶん、八〇年代の試行錯誤の成果をひととおり見てもらおうと、いろいろな色とか織りをやられているような感じですね。そのときの染料も、たぶんいろいろ幅広くやっていたという感じなんですかね。

昭子さん　八〇年代の後半ですか。

山本　九二年のコレクションでしょ。八〇年代にいろいろやって発見の集大成になっていたんだと思いますよ。

昭子さん　そういえば時期的にはそうですね。あのときの資料がぜんぜんないんですよ。写真で撮ることもしていなかったし。踊りがメインだったかな。八重山舞踊の新城知子さんの踊りをもっていきましたよね、確か。

山本　民藝館に出品した作品は、交布（グンボー）などにかなりいろんな植物染料での染色を試してみていたように思います。その中から今の定番の染料がはっきり決まってきたのではないでしょうか。

昭子さん　決まっていく。それはやっぱり真南風という、実際の商品化ということもあったから、そういうふうになってきたのかもしれないですね。あのときは売れても売れなくてもとか、ぜんぜんそういうことは考えないで、できるものをやっていたんだと思います。千秋さんのものを見たときにそれは感じました。使うためのもの、売れるためのものとか、そういう意識がかなりあって、わたしは自分自身にぜんぜんないような感覚。それで非常に興味があったんですよ。

紅露工房の環境と仕事のプロセス

山本　先程の八〇年代の話ですが、いろんな素材を自分でつくれる環境をまわりにつくっていくということと、さまざまな発見が起きてくるということの両方の関係が重要ですね。

昭子さん　やっぱりプロセスですよね、この仕事の。プロセスでいろんな発見があって、自然とのコミュニケーションというのかな、自然を見て教えられること、学ぶこと、それが発見ですけど。機にのせるまでのところが仕事だと最近は言い切っているんですけどね。そのプロセスの中に、ものとの関係性みたいなものが収斂していくといえると思いますね。それによってほぼ出来上がってますからね。あとは機にのせて織るだけですから。そこまできっちりできていれば、誰でもいける。最近障害児の人といろいろ取り組んでいるんですけど、誰でもできるんですよ。障害児であろうが子どもであろうが。そこまできっちりやってあげれば。

でもね、今、逆になっていて、機に座ってその人の感性で出来上がっていくというのが重要ですね、大学などのコースではね。色を選んで、デザインとか感性とかいってますけど、素材が見えなくても、テクニックでものをつくっていくことが重要であるという教育の仕方なので、糸なんかつくっていられないということになる。だから、何で糸をつくって染料を栽培して、しかも手でやるか。もっと便利なものがいっぱいあるのに、それに近いものもいっぱいあるのに、お金を出して買えばいくらでもあるのに「何で？」といわれたときに、それをつくっているプロセスの中に意味があるんだとしかいえないですね、その人それぞれに。それぞれあるんですよ、ぜったいに。性格的なものとか、みんなひととおりさせても、ここのところに集中する子と、畑に入って生き生きする子と、機に座らせて動かない子と。ぜんぜん違うんですよね。それを見ていると、やっぱり自分自身、関わり合いの中で見えてくるものが絶対ありますよね。

山本　「何で買ってくればこういうのがあるのに、わざわざ自分でつくるの」という質問がありますよね。それは、自分でつくるということは、つくるプロセスを発見することでもあるということですね。

昭子さん　そのプロセスが面白いのよ、そこに発見があるということ。

わたしが映画に出たとき、龍村仁〔一九四〇生まれ　ドキュメンタリー映画「地球交響曲」シリーズの監督〕さんに「何で海晒しをするの？」といわれました。いろんな効能とかデータとかはないし、別に海晒しをしなくてもいいんですよ。仕上がるんですよ、布は。でも、「なぜするの？」といわれたときに、「気持ちがいいから」といったんですよ。海にぷかぷか浮いて水に浸かっていると、本当に気持ちがいいじゃないですか。

山本　人間も気持ちがいいから、布も気持ちがいいんじゃないかと。

昭子さん　そう。ただそれだけなんですよね。そのことをスパッといったのは、なかなかたいしたものだといわれたんですけど。気持ちがいいということは、いろんな情報が入って気持ちがいいということがいえるわけだから、じゃあそれが一番いいんだということになったんですが。それと似たような形で、買うよりもつくった方が面白いということですよね。それも、「別に。めんどくさい」ということもありうる。「そんなめんどくさいこと」という人もいるわけです。それはどう違うのかと最近考えます。最終的にはその人の感性なのかもしれない、それは教えることのできない領域だと最近思います。

山本　教えることができるのかできないのか、むずかしいけど。

昭子さん　それは、ちょっとできないことかも知れない。

山本　「買ってくれば同じでしょ」というんじゃなくて、「自分でつくれば面白い」ということは、自分でちゃんとつくってみて、それで最終的にできるものと、買って来たものでやるのと、やってみれば違いがわかるというのもあるかもしれないですね。

昭子さん　そうですね。それでも面白いか面白くないかは違うんですよ、やっぱり。「そんなめんどうくさいこと、ちっとも面白くない」という人もいるんです。その辺です。

山本　そこで個人差が出てくる。

昭子さん　うちあたりに来たいという子がいるでしょ。これまではわりと間口が広かったんですけど、そういうことを感じ出してからは「やっぱり選ばなきゃね」という気になってきた。教えるということは、自分のエネルギーが必要じゃないですか。自分でやった方がはるかに早いし自分自身が面白いわけだから。自分の中で時間が大事だということで、あれもこれもまだまだわたしの中にあるわけですよ。最近思うのは、わたしがやるには時間がもうないという感じがしてきていて、だったら選ばなきゃならない。何らかのシステムをつくらなきゃ。これは今までまったく感じなかったです。これは映画の「ガイアシンフォニー」出演以来です。あのときにはあっちこっち行けて、いろんな出逢いがあって、面白い人たちがいっぱいいて、面白いことをいう人たちがいっぱいいるということがわかって、はじめて思いついたことですけど。これからはそうそう外に出て時間を使うより自分の時間を大事にしたい。受け入れ側として、ある程度人を選ぶことが必要だなと感じだした。

山本　この人ならば相手をしても伝わる部分があるだろうという人を受け入れ、これはちょっとだめかもという人は遠慮してもらうということですね。

昭子さん　ある程度やれば誰だってできることなんですけど、自分自身の時間とかエネルギーがだんだん惜しくなってきた。

山本　それはそうですよ。今のプロセスという話、非常に重要だと思うんだけど、買ってくればいいというのではなくて、自分でつくるプロセスに発見がある、だからプロセスをちゃんと自分でなるべくひととおりできる環境をつくらないとそういうプロセスを経験できないし、発見もないという関係ですよね。だから、紅露工房で、なるべく何でも自分たちでやってみることができるという環境をだんだんつくってきたということは、それぞれの人の発見ができるチャンスをひろげてきたという言い方ができますね。それはここに来る人たちにとってもそうだし、昭子さんにとっても。

昭子さん　いつのまにかそうなっていたんですけれど、本当は自分でやりたいことをやってきたまでなんですよね。

山本　昭子さんがやってきたことは、はじめからこういうことになるんだと思ってやったわけではなくて、何もないところでやることを選んだのが重要だったんですね。そこから出発して、そういうプロセスを自分でひととおりやるということは、面白いし、いろいろ起きる環境なんだということがはっきりしてきた。

昭子さん　それでいつのまにかこういうふうになっちゃったということかな。

山本　それがすごく大事。八〇年のはじめの何もないからというところからスタートして、これはそういう発見が起きてくる環境なんだとだんだん気がついて、そういう環境を、もっといろんなことができる環境をつくろうと思ってやってきた。そこから紅露工房の基本的なポリシーみたいなものができてくる。土台を八〇年代一〇年間かかってつくり上げられた。それで九〇年代にいろんなことが起きる条件ができたというのがすごく面白いですよね。

昭子さん　さすがに山本さんと話してるとまとまってくる。

志村ふくみさんが播いた種が西表で開花した

山本　わたしは九二年か九三年かにはじめて紅露工房に来たんですが、そのときに昭子さんは、伝統的なものもいいけど、八重山上布は行き詰まってしまったから、違う形で新しい試みができる環境をつくりたかったんだという言い方をされていた記憶があります。それは、今うかがった八〇年代の試行錯誤の中で、そういうことがだんだん見えてきたということですね。

昭子さん　新垣幸子さんなんかも同じ八〇年代のスタートですけど、彼女は相変わらず伝統の復元の仕事を逆に精力的にこなしているのに、ものすごく感心するんですけれども。

山本　今のお話をうかがうと、竹富時代というのはほとんど新垣さんと同じポジションにいらしたということなんですね。

昭子さん　そうです。

山本　それが、飛躍をして西表に来ちゃったということでギャップができてるという感じですよね。

昭子さん　伝統的なものをきちんとまとめるという仕事は、やっぱり彼女にとってもわたしと同じようにすごい発見があるというんですよね。そういう世界があるかもしれないという気がするんですよね。これからは、沖縄にとっては、ああいう形で若い人たちを育てていくことは必要かなと思うんですが。行き詰まりがきている呉服の世界で、それでもがんばっていますけどね、その辺の違いですよね。わたしがやっていることは伝統じゃないかというとそうではなくて、やっぱり何年か先になったら、同じように交布(グンボー)を織りだす若い人たちも増えてくるだろうし、芭蕉もちょっと違う生かし方をする人たちも出てくる。そうするとそれがまた伝統として定着していくことなんじゃないかと思います。

山本　新しい伝統みたいな。

昭子さん　両方行ったり来たりで必要なことですよね、現在の見えなくなってくる時代に、見える部分としてきっちり、古いよき時代のいいものはこんなものだと知らないといけないし。

山本　昭子さんの志村ふくみさんのところでの経験というのが、西表に来ることによって意味がはっきり見えてきたということでしょうね。

昭子さん　それははっきりいえますね。先生の偉さを最近感じますよね。「昭子さん、あなたにはそんなに技術的なことを教えられなかったけど、種を播いたつもりだよ」って。どういう意味かなと思ったんですけど、じゃあ、種を播いても発芽する土壌かどうか。でも、先生は竹富に行って、竹富できっちりやるんだと思っていたそうですから、まさか西表にとは思わなかった。

山本　その辺が、志村さんから見ても、昭子さんに伝えたことが思い描いていたのと違う形で開花するという関係なんでしょうね。竹富で落ち着くと思われていたんでしょう？

昭子さん　そう、自分の島に帰って。「あなたはあぐらをかいてもいいところまでいけたのに」という人もいます。何も西表で苦労しなくてもとけっこう同情されているんですけどね。

研修生についての考え方

昭子さん　慣れていって一、二年したらポッとやめられたんじゃ、これからというときにという言い方をするんですけど、わたしの場合は違って、来る人たちが自立できる方向での研修の仕方をはじめからやっています。

それは西表というのがほとんど地図にはないような場所だった、そういう環境が見えてこない場所だったということもあって、ここで学んであちこちに点在して自立していくことによって、ここの技術や考え方ややり方、そういうことが広がっていくということが大事なのではないかと感じるので、そういう形にしているんです。長くて三年、一応一年で切って。でも、一年というと、今までの経験で一年で終わった試しがないんで。

それはなぜかというと、一年いないとこの島のひととおりのサイクルを経験できない。住めるかどうかがわかるのが一年ぐらい、やっぱり必要みたいですね。最近は本当にプロをめざしているかということをまず確かめる。適当に好きだからということはもうやめにしていて。こっちもそれだけエネルギーをかけているんだから、本当にプロをめざして自立をめざしていることを第一条件にしているんです。

山本　さまざまなモチベーションの研修生が紅露工房に来て、昭子さんたちと二、三年島の暮らしをともにしたあと、自分の故郷に戻ったり、西表に住みついたりしているわけですね。それぞれの人たちの人生にここでの体験がどう生かされるのか楽しみです。

第四章　紅露工房モデル

一九八〇年代—紅露工房の環境づくりと仕事の方向性の転換

八重山圏の人たちを別にすると、多くの人にとって石垣昭子さんとの交際がはじまったのは一九九〇年代以降のことだ。昭子さんは、九〇年代のはじめに、三宅一生氏を通じて県外に知られるようになり、東京でコレクションが開催された。これが大きな反響を呼び、力強い作品を生み出す現場を知ろうと西表島の紅露工房を訪ねる人も多くなった。

わたしの場合も、最初に紅露工房を訪ねたのは、九二年頃のことだった。石垣市から委託された地場産品と地域経済についての調査研究のフィールドワークを担当し、その一環として、石垣市の多くの工芸家たちの話を聞いて歩いた。潮平正道さんが市側の担当者だったのだが、わたしが地域の自然素材を活かす工芸に強い関心をもっているのを知って、石垣市ではないが、西表島の石垣昭子さんを訪ねるように勧めてくださったのだ。この訪問の前に、駒場の民藝館で昭子さんの作品の特別展示が行われているのを聞いて、見に出かけた。民藝館では昭子さんの作品をガラス越しに見るしかなかったのだが、それでも、草木染めの既成のイメージとは異なる鮮やかな色と布の力強さに圧倒される思いがした。この前年にわたしは、今井俊博さんに紹介してもらって、インドネシアのビンハウス（Bin house）を訪問していたのだが、昭子さんの布を見て、ビンハウスの布と共通する質感をもっているのを感じた。そこで、昭子さんを訪ねるときに、手元にあったビンハウスの布をいくつかもっていって、昭子さんに見てもらうことにした。昭子さんはビンハウスの布に強い関心をもち、それを聞いた潮平さんが、今井さんを石垣市に呼んで講演をしてもらうという企画を実現してくださった。これが一九九六年に「アジアの手仕事の国際交流」（国際交流基金の助成を受けて、今井さんがプロデュース）のワークショップが紅露工房で開催されることにつながっていく。

それはさておいて、はじめて紅露工房を訪ねたときに、昭子さんは、次のようなことを話してくれた。伝統的な八重山上布は、呉服店の流通に依存してきたため、この業界の衰退とともに行き詰まっていること。昭子さんは伝統的な八重山上布とは異なる新しい道を開拓するために、西表の植物を生かした染色とともに芭蕉と絹の交布（グンボー）を試み、よい反応を得られるようになっていること。次には、紅露工房の布を人々の生活の中で使ってもらえるものにするような形を与える製品開発とそれに合った流通チャネルの開拓が課題であること。

こうした昭子さんの問題意識を受けとめた、真木千秋さんと真砂三千代さんとのコラボレーションが生まれ、真南風（マーパイ）ブランドの布と衣が紅露工房を中心にしてつくり出され、東京で展示会が開催されるようになっていった。

こうした紅露工房を中心にした目覚ましい展開については、天然素材を活かす布と衣に関心をもつ人たちの多くが知っている。しかし、紅露工房における昭子さんの高い質の仕事の由来について深く理解するためには、昭子さんが竹富島から西表島に移り住んで紅露工房の環境をつくりあげた八〇年代の試行錯誤の過程について具体的に知ることがきわめて重要なのではないかと、わたしは考えるようになった。

そこで、紅露工房を訪ねたあるときに昭子さんにお願いして、この本に収録したインタビューを行った。

九〇年代以降に昭子さんと知り合った人はみな、昭子さんの自然体で揺るぎのない仕事への姿勢がずっと変わらないものであるように感じているが、このインタビューを通じて、そういう印象は必ずしも事実と合っていないことが明らかになった。つまり、九〇年代はじめに昭子さんが語ってくれた問題意識や仕事の方向性は、八〇年代はじめに竹富から西表に移った時点と比べると大きな違いがある。西表で紅露工房の環境をつくっていく過程で、大きな転換がおき、その結果、仕事の新しい方向性が見い出されることになったのだ。

昭子さんがインタビューの中で語っているように、八〇年代はじめの時点では、彼女の仕事の方向性は、伝統的な八重山上布の織手として修練を重ねていくことだった。しかし、西表で紅露工房の環境づくりのために試行錯誤を重ねる過程で、そうした姿勢に転換が起き、九〇年代はじめには、伝統的な八重山上布とは異なる布と衣づくりの新しい道を開くという方向が設定されることになった。この転換がどのようにして起きたのかが重要な問題になる。

この転換の背景は、大きな文脈でいうと、昭子さんが竹富島から西表島に移り住んだことにある。竹富島では、代々織物の伝統が続いているので、その伝統を継承していくという姿勢に疑問をもつ必要はあまりなかった。しかし、西表島に移ってみると、そこではだいぶ前に染織の伝統は途絶えてしまっていたので、染織の仕事ができる環境を自分なりにゼロからつくり直すことが不可欠だった。そして、仕事の環境をつくり直すということは、とても骨の折れる作業だったが、次第にこの原点から再構築する経験は、かけがえのない意味をもつことがわかってきた。つまり、こうした経験によって、既成の観念から自由になることができ、それとともに問題意識が飛躍的に深まり、染織の仕事の自由度の高さと可能性の大きさ、そして奥深さが見えるようになっていったのだろう。

京都の志村ふくみさんの内弟子時代を終えて竹富にもどるときに、志村さんは「わたしができたのは、種を播くことだ」といったという。そのときの昭子さんには、意味がよくわからなかったが、生物多様性に富む西表島のさまざまな植物を使って染色を試みるようになって、昭子さんは自分の中で、志村さんの播いた種が芽吹き、成長し、開花するのを感じるようになった。志村さんの染織への執拗な探究の姿勢が知らず知らずのうちに昭子さんの身についていて、西表島の多様な植物を使って、どのように染めるとどんな色が出るかを試すうちに、そうした探究にこそ深い喜びがあるのを感じるようになった。昭子さんにとって、八〇年代は「実験」と「発見」がキーワードとなる時期になった。

竹富から西表に移ることによって、繊維素材の面でも転換が不可避的だった。八重山上布には、苧麻の繊維からつくった糸を使うが、西表島の風土では苧麻を育てるのがむずかしいところが多い。西表の風土に合うのは糸芭蕉であり、かつて糸を採るために栽培され、その後放置された糸芭蕉があちこちに生えている。そこで、染織の仕事の環境をつくり直すにあたって、昭子さんは糸芭蕉を繊維素材の柱のひとつにすることを決めた。さらに、糸芭蕉と合わせるのに適した生糸を得られる環境をつくるために、四方正義氏の指導を受けて、桑の栽培とさまざまな品種の蚕の飼育を試みた。

八重山諸島は、隆起珊瑚礁の平らな島と、山があり水が豊富な島に分かれるが、西表島は後者の典型であり、平地は海沿いの一部分だけであとは亜熱帯林の繁る山々からなる。紅露工房が立地するところも、海に近い平地で背後が山になっている。工房の海よりのところが田畑になっていて、田では無農薬の農法で赤米をつくり、畑では糸芭蕉や桑などを栽培している。染料植物の一部は工房の周囲の庭で栽培し、紅露は周囲の山で琉球藍は水辺に近い谷で採集している。

また、工房で染色に使う水は山から引いていて、紅露工房の布の鮮やかな発色はこの水と関わりが深いとされている。さらに、染め上がった布は、紅露工房の近くの湾にもっていって海晒しをする。ここは川から流れ込む真水と海水が混じった透明度の高い水域で、水辺にヒルギが生える美しい干潟がある。

一九九〇年代の展開

このようにして八〇年代に紅露工房の環境がつくり上げられ、九〇年代に入ると昭子さんの作品の対外的な発表が行われるようになった。この時点の作品は、芭蕉と絹の交布（グンボー）のストールや服地などの形で、衣としての形はまだ見えていなかった。先述のように、この時点で、呉服店での流通に依存する八重山上布が行き詰まってしまっているので、紅露工房の環境の中から生み出された新しい布を素材として、流通チャネルづくりと製品開発の新たな道を拓いていきたいと、昭子さんは考えるようになっていた。

こうした昭子さんの問題意識に真木千秋さんと真砂三千代さんが共感して、三人のコラボレーションがはじまり、やがて、真南風(マーパイ)というブランド名で作品の発表が東京で行われるようになる。

真木千秋さんは、インドの野蚕の一種タッサーシルクを生かした力強い布で知られる真木テキスタイル・スタジオを主宰する糸・染・織探究者だ。九〇年代のはじめに紅露工房を訪ね、昭子さんの仕事の質に深い感銘を受けて、その後、たびたび紅露工房に長期滞在して、昭子さんの教えを受けるようになった。

真砂三千代さんは、風土に根ざす生活の中から生まれたアジアの手織りの布を好み、そうした素材を活かす簡素だがエレガントな衣づくりで知られる衣デザイナーだ。一九八六年にアファを設立した。昭子さんと一緒に仕事をするようになり、紅露工房に滞在してみて、気象や植物の巡りと糸づくり、染色、織りの仕事、さまざまな祭りや神事のサイクルが、歩調を合わせてゆっくりと着実に進んでいく様子がすっかり気に入り、西表に通うようになった。

千秋さんも三千代さんも、作品の発想の原点が自らの生活感覚にあるという点で共通する。

「自分の生活の中に、こんな感じのものがあったら、もっと楽しくなる。もっと豊かな気持ちになれるのではないか。」そういう生活感覚からの発想だ。

　真南風ブランドの柱になっているのは、八重山の伝統衣裳スディナを現代風にアレンジしたものだが、こうした展開のきっかけは、昭子さんが生活の中で着こなしていたスディナに二人が注目したことにある。スディナは、八重山の伝統的な衣裳の中で、カジュアルな外出着として重要な役割を果たしていたが、明治以降のヤマト化が進む中で八重山でも和服が普及し、踊りの衣裳以外では着られなくなってしまった。ところが、昭子さんは、そうしたスディナを自分なりに変形して普段の生活の中で着ていた。千秋さんと三千代さんは、このスディナが紅露工房の布を使って衣をつくるというテーマに対する答えを示唆していると感じた。つまり、スディナをアレンジして、これを中心にさまざまなアイテムを組み合わせられるようにすれば、斬新で現代的なアジアの衣の提案が可能なことを感じとった。

　真南風が生まれるまでに解決しなくてはならなかったのは、八重山発の衣を提案するのに、どのような繊維素材を使うのがいいかという問題だった。昭子さんは、紅露工房の独特な布として芭蕉と絹の交布をつくりあげていたが、この布を使って衣の形にするのは簡単ではなかった。三千代さんがいくつかの試みをしたが、最小限の加工にとどめたものだった。東京で展示会をすることを想定すると、ある程度の数をつくる必要があり、コストの面からも芭蕉と絹の交布ではむずかしかった。そこで、千秋さんが思いついたのが八重山の代表的な素材である苧麻とインドのタッサーシルクを使った交布だった。この素材を試みたところ、よい感触の布が仕上がり、二つの素材の染まり方が異なるため、その組み合わせがとても効果的なことがわかった。

この交布を使ったスディィナに対する東京の人たちの反応を見るために、千秋さんは、一九九六年十月に南青山の真木テキスタイル・スタジオで、「八重山の踊りとスディィナの会」を開き、新城知子さん親子の八重山舞踊とともに、千秋さんが制作したスディィナを紹介した。

そして、九八年六月に、真木テキスタイル・スタジオで真南風のコレクションの最初の展示会が開かれた。最初のコレクションでは、スディィナはまだ品揃えにとり入れられなかった。羽衣（短い上衣）、羽織（お尻までの上衣）、長羽織（膝までの上衣）、サラリ（チョッキ風）、ドゥンギ（タンクトップ風とフレンチスリーブの二種）、パー（はかま風）、カカン（腰巻スカート）といったように、八重山の衣裳を三千代さんが現代的にアレンジした品目を揃えた。苧麻、黄繭、タッサーシルクの交布を千秋さんの提携先のインドの工房で織り、紅露工房でクール、フクギ、ヒルギ、アイ、アカメガシワなどの植物染料で染色し、葉山の三千代さんの工房で縫製した。

この年の冬には、ニューヨークのギャラリーでも展示会が開かれ、初日にはファッション・

ショーが行われ、亜熱帯の植物から得た色と繊維の力強い美しさがニューヨーカーたちを驚かせた。

第二回目の真南風の展示会で、苧麻とタッサーシルクの交布のスディナが真南風の柱となるアイテムとして発表された。クール（赤茶）、フクギ（黄色）、アイ（青）、アカメガシワ（灰色）といった紅露工房の基本的な染料で染め分けられたスディナが来店者たちに快い衝撃を与えた。

さらに、二〇〇七年七月には、あきる野に移転した真木テキスタイル・スタジオの店で、真南風の展示会が行われ、秋川の流れを見下ろす竹林とケヤキの庭でファッション・ショーが開かれた。

このように、昭子さんが九〇年代はじめに考えていた、紅露工房の素材をもとに新たな形の衣をつくり流通チャネルを開拓するという課題へのひとつの解答が、真南風のプロジェクトを通じて与えられたといえる。

しかし、西表の新しい地場産業づくりがめざすべき目標だという立場の人から見れば、真南風は目標を達成したとはいえないだろう。つまり、真南風は、毎回の展示会で、それまでとは違う新しいテーマに挑戦してきたが、ある程度回を重ねると斬新なアイデアが尽きてしまう。また、真南風の作品の制作工程はかなり複雑であり、それを動かすには、大きなエネルギーが必要なので、新しいテーマに挑戦する新鮮な気持ちなしには、続けることがむずかしい。そういった事情もあって、テーマが一巡したところで、休眠状態に入ってしまった。

地場産業化するためには、かなりの部分は定番的な製品を継続的に制作することが必要になると考えられるが、定型化した作業の反復は、真南風の三人に似合う仕事ではなかった。別の作業チームをつくることが必要だという議論もされたが、実現するには至らなかった。

真南風の新作の発表会が開かれなくなってから、紅露工房では、昭子さん個人の作品の制作が続けられている。

フィールド・ラボとしての紅露工房

紅露工房の仕事の環境と制作体勢を地場産業の産地と比較してみると、紅露工房の独特なポジションがよくわかる。

地場産業化のひとつのイメージとして、紅露工房の店を東京につくり、紅露工房でつくった品物を陳列して集客し、店を維持していこうとする場合を考えると、品揃えの柱として、定番的な商品をつくり、反復作業によってある程度の数を生産する体勢が必要になる。そうした柱となる定番的商品を前提に、一品しかない特別なものをアクセントとして加えるという品揃えになるだろう。こうした店舗を維持できるためには、（a）研究開発・企画、（b）生産、（c）流通販売の三つの機能の組み合わせが必要になる。

この三つの機能を想定すると、紅露工房が実際にもつ機能は、「（a）研究開発・企画」を中心とするものであることがわかる。紅露工房では「（b）生産」を行っているが、定番的な品物の反復生産ではなく、「（a）研究開発・企画」と結びついた一品ものの制作に限られる。

つまり、紅露工房の特徴は、「（a）研究開発・企画」の機能に大きな重点が置かれているところにあるといえる。そして、こうした特徴は、染織の伝統がまったくなくなってしまったところで、繊維素材と植物染料が入手できる環境を新たにつくり直したという経緯と不可分の関係にある。新たな環境づくりを進めていくうちに、昭子さんは、こうした過程は、さまざまな問題意識を触発し「実験」を通じての「発見」を促すものであることに気づいた。

沖縄本島の染織家に比べて、八重山の染織家は糸づくりや染料植物の栽培など素材の段階にも携わる人が多いといわれる。昭子さんの場合は、西表に移ることによって、八重山の染織家のあり方をより徹底することになった。その結果、わかってきたのは、多様な繊維素材と植物染料を身近なところから入手できる環境をつくると、それは探究心を刺激するきわめて創造的な環境になる、ということだった。昭子さんが気づいたこうした紅露工房の創造的機能をわたしは「フィールド・ラボラトリー」と呼ぶことにした。

紅露工房の機能にフィールド・ラボと名づけたのは、紅露工房の試みがもつ普遍的な意義を明らかにするためだ。つまり、日本列島各地、世界の各地の今後の地域づくりを進めていく際に、紅露工房はひとつの先進的な事例としての位置を占めるが、その達成から他の地域の人たちが学びやすくするには、紅露工房はどのような点で卓越しているかを際立たせるようなモデル化が必要になる。ここで述べたように紅露工房の機能をやや一般化すると、「地域の風土の中で育つ自然素材の生かし方、使い方の探究」という点で卓越している。それを支えているのが、「よい素材のよいレパートリーを身近なところで入手できる環境」であるといえる。

地域の食文化を思い浮かべると、その地域の基本的な食材があって、その組み合わせで、その地域に独特の料理が生み出されている。基本的な食材は、その地域の風土のもとで栽培したり、飼育したりできるものであることが多い。こうした基本的な食材の組み合わせが、「素材のレパートリー」ということになる。

紅露工房では、繊維素材では芭蕉、苧麻、蚕、植物染料では、クール、フクギ、リュウキュウアイ、アカメガシワ等々が手近なところにある。長い間の試行錯誤を経て、よい素材のよいレパートリーが手近にある環境をつくることができた。

そして、この環境のもとでは、「こうしたらどうだろうか」という問題意識が次々に生まれ、それをすぐに「実験」を通じて試してみることができる。その結果、それまでの思い込みを壊すような「発見」が生まれやすい。

伝統産業の保存という考え方は、伝統的な技術をそのまま後世に伝えることを重視する傾向が強いが、地域の優れた手仕事は、伝統を継承しながら、その時々の環境に適応しながら、革新を重ねてきた。そうした生きた伝統を支えてきたのは、「よい素材のよいレパートリーが身近なところにある環境」だったと考えられる。この土台が失われると、伝統はひからびたものになってしまう。

これからの時代、地域再生のためには、「地域の風土に合った暮らしと仕事を現代的に再創造する」ことが大きなテーマのひとつとなる。そのためには、衣食住祭に関わる地域の伝統的な暮らしと仕事を支えてきた素材の組み合わせの見直しが重要になる。

かつて、地域の衣食住祭を支えてきた基本的な素材の組み合わせはどのようなものであったか？　そのうち、地域内でつくられてきたもの、地域外から購入されていたものはどれとどれか？　地域内でつくられてきた基本素材のうち、近年になって脱落したものはどれとどれか？　その背景にあるのは、どのような要因か？

こうした点を調べた上で、「地域の風土に合った暮らしと仕事の現代的な再創造」の土台として、地域内で入手できる基本素材の組み合わせを再構築するプランをつくる。そして、こうした基本素材のレパートリーの再構築を進める過程で、その地域のフィールド・ラボの機能が生まれてくる。

こうしたフィールド・ラボは、地域再生のための核としての機能を果たすだろう。つまり、核ができると、その機能によって、さまざまな方向への展開が可能になる。

例えば、新たな地域産品、地場産業の育成という方向もありうるだろう。

紅露工房の場合には、「（a）研究開発」＋「（b）一品制作」＋「（d）研修」＋「（e）交流・

コラボレーション」という機能の組み合わせがつくられている。

「（d）研修」には、昭子さんの弟子として研修生を受け入れるという形と、大学生やエコツーリストのグループを対象としたワークショップとがある。昭子さんの研修生についての考え方は、自分の仕事の後継者を育てようといった意識はあまりなく、紅露工房での研修の経験をきっかけにもっている資質を開花できる、そういった可能性を感じる人を受け入れているといえばいいだろうか。さまざまな経歴、さまざまな問題意識をもつ人たちが紅露工房で数年を過ごし、その経験を糧にして、各分野で活躍している。

ワークショップは、芭蕉の糸づくりや植物染料による染色が中心で、数日間の滞在で、人類文化の根幹をなす自然と手仕事の結びつきについて深く感じ、考えるきっかけとなる。「（a）研究開発」を支えるよい素材のよいレパートリーが身近にある環境は、ワークショップの参加者にとっては、学びや気づきの可能性に富んだ環境となる。

昭子さんの仕事の質、仕事へのスタンス

日本列島および世界各地の手仕事の中での紅露工房はひとつの先端としての位置を占めてい

るのは間違いないと思われるが、どういう文脈でそういえるのかを明らかにするには、ここで述べたフィールド・ラボという視点とともに、もうひとつ昭子さんの「仕事の質、仕事のスタンス」という視点が必要だ。

千秋さんは九〇年代のはじめに、紅露工房に長期滞在して昭子さんから教えを受けるようになったが、そのときに紅露工房で何を感じたかを聞いてみると、昭子さんの仕事のやり方が、あまりに自然体であることが衝撃的だったという。それまでの千秋さんは、前日に仕事の予定を立てて、翌日なるべくその通りに仕事を進めるのが当たり前だと思っていた。ところが昭子さんのやり方は違った。朝起きて、太陽や風の具合とかを見ているうちに、「この天気ならまず藍を刈り行こうか、午後には潮の具合がよくなるから染めた布の海晒しをしようか――」といった具合にその日の段取りが浮かんでくる。「織りとか染めの仕事は、自分で段取りを決められるわけでなく、自然に合わせてやるものだ」と昭子さんにいわれて、千秋さんは大いに驚かされたという。こうした昭子さんの仕事の仕方を知って、「自分の仕事のやり方は、なんと肩に力が入って力んでいたのだろう」と千秋さんは思った。紅露工房で、昭子さんと一緒に仕事をするうちに、千秋さんにも、自然のリズムに合わせて仕事をするという感覚がしみ込んでいったという。

染色にしても、「この色を出したいから無理矢理その色になるように染める」というのではなく、「今採ってきた紅露でこういう色が出たから、あの糸を染めてみようか」というように、植物染料がその時々に示す色調に着目すると、そのよさをうまく生かす着想が浮かんでくる。自分の意図が先にあるのではなく、自然が示すきらめきを感じとって、それをすくいあげていく。そうした積み重ねを通じて、だんだん作品のモチーフが育っていく。千秋さんにも、もともとそういう傾向はあったが、昭子さんのやり方を知って、より自覚的になった。

また、織りについても、昭子さんの作品に「こんな織物を見たことがない」という衝撃を感じたと千秋さんはいう。とくに「素材を生き生きと使っている」ところが驚きだった。

世界中を歩いて、世界各地の最高水準の染色と織りに通じている千秋さんがいうのだから、この評価の信憑性は高い。

織りの仕事を続ける女性は、自分自身と向き合う時間をもつことができると、昭子さんはいう。そして、八重山の女性たちが無心に機に向かうとき、心の深部では、自分の所作と母親や祖母の所作とが交叉しているのではないだろうか。

そうした織りの所作の特徴は、いうまでもなく杼の往復と綜絖（そうこう）の上下の独特のリズムをともなう点にある。手織りの布には、それぞれの織手の身体的なリズムがおのずから織り込まれていく。しかし、手織りの布には、身体的なリズムだけでなく、もっとさまざまなリズムや時間の巡りを織り込み、それらを重ね合わせることができる。

染めや織りの仕事は、自然のサイクルの中にある植物や蚕の命を絶って繊維や色素をもらい、ある程度の耐久性をもつ糸や布に変換する作業だ。しかし、布の寿命もそれ程長くはなく、数十年から数百年といったところだ。けれども、布は手入れをしながら使えば、母親から娘、祖母から孫へと世代を越えて、伝えることができる。染織の仕事では、このように自然のサイクルに合わせて作業が進められ、そうした巡りが年々重ねられるうちに、世代から世代へと順に技とともに布や衣が受け継がれていく。無心に機に向かう織手の心の深部には、こうしたさまざまな時間の巡りが交錯するのだと思われる。

昭子さんの織物は、こうしたさまざまなリズムや時間の巡りを織り込み、重層させることができる自在なスタイルをつくり出している。

例えば、二〇一二年五月に女子美アートミュージアムで開かれた「沖縄の布」展の会場に天井から下げられた大きな交布（グンボー）の場合には、そのまわりをゆっくりと歩きながら眺めていると、布に織り込まれたさまざまなリズムや時間の巡りが感じられ、それらがおり重なって、心に深く響くのびやかな音楽的世界があらわれてきた。

この布には、芭蕉の生成りの糸が使われているが、生成りでも芭蕉にはさまざまな色合いがあり、色調や太さが違う多彩な糸を織り込むことで、さまざまなモチーフとその重層的な関係がつくり出される。

柳宗悦の工芸論と昭子さんの仕事の質

このような昭子さんの仕事のスタンスは、芸術家にありがちな自己中心的（egocentric）な自然や世界との関わり方の対極にある。昭子さんの仕事の質とスタンスのこうした特徴を大きな文脈の中に位置づけるにはどうしたらよいだろうか。ひとつの手かがりとして、まず、柳宗悦の工芸論を参照基準にすることにしよう。

『工藝の道』の中で、柳は、「工芸の美」の法則として、十一の基準をあげている。要約すると以下のようになる。

（一）工芸の本質は「用」にある。
（二）工芸の美は日常の用器にあらわれる。
（三）素早く多量につくることが「美」と結びついている。
（四）休みない労働なしに工芸の技は得られない。
（五）民衆が工芸の「美」を生む。
（六）工芸の「美」は、多数の人々の協業によってもたらされる。
（七）機械生産ではなく手工芸が「美」を示す。
（八）よき工芸の「美」は天然の材料から生まれる。
（九）作為ではなく、「無心」から工芸の「美」は生まれる。
（一〇）個性の追求ではなく没我からよい工芸が生まれる。
（一一）単純さが「美」の主要な要素である。

柳の議論では、庶民が日常的に使うためにつくられた民衆的な工芸品と床の間に飾ったり、茶会で使うためにつくられた美術的な工芸品が対比され、本当の美があるのは、前者の方であることを強調する。ところが世の批評家や蒐集家は、民衆的な工芸品の美を理解することなく、美術的な工芸品ばかりが高い評価を得ていることを痛烈に批判した。

柳がその美に感動し蒐集した民衆的な工芸品には、国内のものでは江戸時代のものが多かった。庶民が日常的に使う用器といっても、近代になって機械生産でつくられたものの多くには、見るべきものがないという。

そして、どうして民衆的な工芸品に、本当の美があらわれるのかということが、深く考えるべき重要な問題だと柳はいう。ここにあげた十一の基準は、そうした考察から導かれたものだ。

逆に美術的な工芸品に、本当の美が見い出されることが稀であるのはなぜかというと、高度な技術や斬新な着想を見せつけようとする作為が鼻につくからだという。

他方、江戸時代の雑器をつくった職人集団の場合には、目利きの評価を得たいといった意識は皆無だが、素早く多量の品をつくれるように厳しい訓練を重ね、優れた技を身につけている。そして、そうした熟練の結果、とくに考えなくても、半ば無意識に身体が動くようになっていて、「無心」に「没我」の境地で仕事ができるようになっていく。そういう境地から、作為から離れた本当の美があらわれると柳は考えた。

つまり、なぜ民衆的な工芸品に本当の美があらわれるかを理解する鍵は、高度な技と無心さの組み合わせにあると柳は考えたといえる。これが柳の工芸論において一番重要な軸となっている。「(a) 自己中心性－無我」の軸といえるだろう。柳の議論では、これに加えて、「(b) 機械生産－手仕事」「(c) 人工的素材－天然素材」といった軸が組み合わせられている。

といっても、柳が主な読者層のひとつと想定したはずの同時代の工芸家たちは、江戸時代の職人集団とはまったく違う近代人であり、作品をつくるのに何かの形で自分の個性があらわれるものをつくろうとするのを否定しようがなかった。それに関わらず柳が「無心」を強調したのは、本当の美に近づくためには、そういう境地をめざして修練を重ねることが不可欠だと考えたからだろう。

柳の工芸論をこのように翻訳してみると、(a)(b)(c) の三つの軸を使って、昭子さんの仕事へのスタンスを明快に位置づけられることがわかる。つまり、柳が民衆的な工芸に本当の美があらわれる理由と考えている「無我」「手仕事」「天然素材」の組み合わせが、昭子さんの仕事にも、問題なくあてはまる。

ところで、昭子さんは「直観」という言葉をよく使う。仕事の過程で、どっちの方向に行くのがいいか判断が必要なときに、頼りにするのは「直観」だという。しかし、「直観」とは何だろうか。近年の脳科学的な研究によって「直観」とは何か、かなり理解が進んでいる。つまり、A、B、Cというやり方をしたらPという結果になった、A、C、Dというやり方をしたらQという結果になったといった試行錯誤について反省し、どういうやり方をすればよい結果になるかを懸命に考える意識的な努力を重ねていくうちに、そうした経験からの学習が脳の深部に集約される。そして、習熟度が十分に高くなると、どの方向を選択するのがいいかという判断が無意識から浮かぶようになる。それが「直観」だという。はじめから「直観」が働くわけではなく、経験について深く考える努力の積み重ねの結果、そういう段階に達することができる。昭子さんのいう「直観」は、脳科学者のいう「直観」とよく合致すると思われる。そして、手の技の熟練が高度化して「直観」が働くようになるということと、作為を離れて「無我」の境地で仕事ができるようになるのは、別々のことではなく、深く関わり合っているに違いない。

C・アレグザンダーの二一世紀美学と昭子さんの仕事の質

柳の工芸論は、ちょっと意外な人の議論と高い親近性をもつ。それは、都市理論家、建築家として知られるクリストファー・アレグザンダーの『時を超えた建築の道』や『ザ・ネーチャー・オブ・オーダー（The Nature of Order）』におけるモダニスト批判や二一世紀の美学の探究だ。

柳の考えでは、突き詰めるべきなのは、美術的な工芸ではなく民衆的な工芸に本当の美があらわれるのはなぜかという問題だった。それに対して、アレグザンダーにとっての根本的な問題は、二〇世紀の都市や建築は、深い感覚の美しさを稀にしかつくれなくなってしまったのはなぜか、ということだった。両者の問題は、重要な部分が重なりあう関係にある。

柳の工芸論は、先述のように、（a）（b）（c）の三つの軸に集約できるが、アレグザンダーの都市と建築についての考察においても、「（a）自己中心性ー無我」が基本的な軸のひとつになっている。アレグザンダーの考察におけるもうひとつの軸は「（B）機械的プロセスー生成的プロセス」であり、これは（b）が変形されたものと見なせるだろう。「手仕事」はアレグザンダーのいう「生成的プロセス」としての特徴をもつので、「生成的プロセス」は「手仕事」を含むより広義の概念だといえる。

アレグザンダーの姿勢で（a）の軸にあたるものが重要なことは、例えば『時を超えた建築の道』において、「無名の質」という言葉が重要なキーワードになっていることからもわかる。この言葉は、アレグザンダーが建築や街づくりにおいて求める質を言い表すものになっている。この質について言葉で表すのはむずかしいというが、近いものとして「生き生きとした(alive)」「居心地のよい（comfortable)」「自由（free)」「全一的（whole)」「永遠（eternal)」といった表現があげられている。そうしてこうした質をつくりあげるには、「無心の境地」、つまり自己顕示欲を捨てて「無我（egoless)」になることが必要だという。『ザ・ネーチャー・オブ・オーダー』では、この「無名の質」にあたるものが「深い感覚の美しさ」と呼ばれるようになる。

『ザ・ネーチャー・オブ・オーダー』の出発点での問題は、二〇世紀の建築では、ほとんどの場合、かつてあった深い感覚の美を実現できなくなってしまったのはなぜかというものだった。そして、この問題をさぐるために、さまざまな地域、さまざまな時代の工芸品や建築で深い感覚の美を感じさせる例をたくさん集めて、それらに共通する要素を抽出するといった詳細な議論を行っている。その結果、共通項を十五の要素（一八五ページ参照）に整理できることがわかった。深い感覚の美を感じさせる例は、十五の要素のいくつかを備えている。

このような作業を進めるうちに、アレグザンダーが気づいたのは、これらの深い感覚の美を備えた制作物が共有する諸要素は、自然の中で生まれる形態に特徴的な諸要素と共通しているのではないか、ということだった。そこで、さまざまな植物や動物があらわす形態、地形や気象現象、天文学的現象、電子顕微鏡で観察される微視的な現象など、自然の中であらわれるさまざまな形態の例を集め、それらに共通する要素を抽出する作業を行った。その結果、深い感覚の美を感じさせる制作物に共通する諸要素と自然の形態から抽出された諸要素とが、ほぼ重なることが確かめられた。

これは一体、何を意味するのか。アレグザンダーは、こうした作業の結果を次のように解釈した。自然の中で生み出される形態は、ことごとく「生きた構造」をもつ。それに対して、人間の制作物は、さまざまな度合いで「生きた構造」をもつ。両極に「生きた構造」が際立つものと、「生きた構造」をほとんどもたないものがある。

そこで、工芸品や建築、都市をつくっていく際に、どうすれば「生きた構造」をつくり出せるのかが、重要な問題になる。その答えは、「生きた構造」をつくり出すには、「生成的なプロセス」が不可欠だというものだった。『ザ・ネーチャー・オブ・オーダー』では、「生成的なプロセス」が「生きたプロセス」と名づけられている。

それに対して「機械的なプロセス」によっては、けっして「生きた構造」をつくり出すことはできない。「機械的なプロセス」から生まれるのは、「機械的構造」だという。

アレグザンダーのいう「機械的なプロセス」とは、制作過程の早い段階で、詳細な設計図を固めてしまい、後は設計図の通りに部材を組み立てていくだけという、設計と施工が分断されたやり方だ。それに対して、「生成的プロセス」は、与えられた条件（建築の場合には、建物を建てる場所と依頼主の要望）から出発して、最初は漠然としたスケッチだけを描き、「生きた構造」をつくるにはどうすればいいか、試行錯誤を重ねながら、だんだんにプランを具体的なものにしていく、というやり方だ。

手仕事の染織の場合でも、地場産業の産地の中には、デザイナーが図柄の詳細な設計図を描いて、織り手はその設計図の通りに織るという分業が行われているところがある。こうした場合には、手織であっても「機械的プロセス」になっていることになる。

他方、紅露工房の染織のプロセスでは、こうした設計図にあたるものは、もちろん存在しない。繊維植物や染料植物の栽培、養蚕、糸づくりや糸の染色という準備作業は、布の「生きた構造」に到達するための助走段階（ここまでを昭子さんは「見えないプロセス」と呼ぶ）といえるが、この段階では、まだ最終的なゴールは漠然としている。織りをはじめる前の「試し織り」の段階で、はじめてゴールのイメージがかなり絞り込まれる。そして、織りの作業の過程で、ゴールのイメージがさらに明確化していく。

最終的に、どの程度の生命感をもつ「生きた構造」に到達できるかは、畑仕事や糸づくりなどの助走段階でどの程度、念入りな仕事をするかに大きく依存する。昭子さんが「見えないプロセスがいちばん重要だ」とくり返しいうのは、そのためだ。

このように、あらかじめ詳細な設計図を描くことはなく、仕事を進めるとともにゴールが徐々に鮮明になっていくような漸進的過程という意味で、紅露工房の染織は典型的な「生成的プロセス」といえる。

このようにアレグザンダーの議論では、柳の「(b) 機械生産―手仕事」という軸が「(B) 機械的プロセス―生成的プロセス」に置き換えられている。柳の議論では、なぜ本当の美は、手仕事でしか生み出し得ないのかという問いが設定されていて、それに対して、手仕事には「自然への帰依」があるからだ、といった答え方をしている。こうしたやや漠然とした表現で、柳がどんなことをいいたかったかは推し量ることができる。しかし、ここにはきわめて重要な問題が含まれているにも関わらず、理論的な考察がそれ以上深められてなかったという不満が残る。そして、アレグザンダーの議論は、柳が感じとっていながら、十分に深化できなかった問題領域を明晰にモデル化しているといえる。

工芸の本当の美と手仕事と自然という三つの項は不可分の関係にあると柳は感じていた。しかし、こうした手仕事と本当の美と自然の結びつきは、具体的にはどういう背景からくるのかを立ち入って考察することはしなかった。それに対して、アレグザンダーは、人間の制作物に深い感覚の美をもたらすのは「生きた構造」であるとし、これは、自然の中で生まれるあらゆる形態が備える構造と同じ特質であると考えた。そして、人間の制作物の「生きた構造」は、「生成的プロセス」を通じてしか生み出すことができないとした。手仕事は「生成的プロセス」としての条件を備えているので、手仕事を通じて「生きた構造」をつくることができる。

このように考えると、アレグザンダーの議論は、柳がいおうとしながら十分に明断に論ずることができなかった、本当の美と手仕事と自然の関係について明快なモデル化を行っていることがわかる。

なお、素材についてのアレグザンダーの考え方は、「生きた構造」をつくり出すには、天然素材が不可欠だというものではない。ただし、規格化された量産品の部材は「生成的なプロセス」を妨げるので、施工の現場で加工して形や大きさを調整できるなど、適応度の高い素材が求められる。

こういった検討を踏まえると、昭子さんの仕事の質、仕事へのスタンスを位置づけるには、

「(a) 自己中心性ー無我」、「(B) 機械的プロセスー生成的プロセス」、「(c) 人工的素材ー天然素材」の三つの軸を選ぶのがいいと考えられる。いうまでもなく、昭子さんの仕事の質、仕事へのスタンスは、「無我」「生成的プロセス」「天然素材」のところに位置づけられる。

手仕事と工業的素材のミスマッチ

柳宗悦の工芸論は、本当の美を備えた品は、機械工業でなく手仕事でしかつくれないことを指摘し、それはなぜなのかを考察している。しかし、現代工芸の課題を明確にするためには、やや違った問題設定が必要になる。つまり、機械生産が広く浸透していく時代には、手仕事を続けていても、その考え方や素材に知らず知らずのうちに、工業的な要素が入り込んでいく。その結果、手仕事とはいっても、その本来的にもっていた質からは、かけ離れたものになってしまうということが多くなる。

手仕事の秩序と機械生産の秩序とはまったく異質で、互いに相容れない関係にある。ところが、機械生産が一般化すると、当然、機械生産の側の要素が手仕事の側にも入り込んでいく。例えば、手仕事の素材が規格化された工業的な素材になってしまうと、手仕事のよさが殺がれてしまう。

そこで、工芸が本来の生命力をとり戻すためには、手仕事の秩序と機械生産の秩序の違いをはっきりさせ、手仕事に機械生産的な要素が入り込んで、手仕事のよさが殺がれてしまわないようにすることが、きわめて重要だ。

アレグザンダーの生成的プロセスと「生きた構造」という概念は、建築家の立場から手仕事の秩序の核心を捉えようとしたものだといえる。

工業的生産は、同一の工程をできるだけ高速に反復することによって、生産性の向上をはかり、コストの削減を追求する。そのために、素材や部材を規格に合わせてできる限り均質化する必要がある。他方、手仕事にこだわるのは、工業生産の製品では実現できない、手仕事ならではの質を生み出すためだ。ところが、機械生産が広く浸透する時代には、もともとの手仕事の秩序を支えていた土台が浸食されてしまい、素材も工業的な素材ばかりになって、手仕事になじむ素材が入手しにくくなってしまっている。さらに、どんな素材が手仕事になじむのかがよくわからなくなってしまいがちだ。

染織の場合には、織りは手織りであっても、染料が自然染料ではなく化学染料になってしまったり、糸が工業的な糸を使っていたりすることが少なくない。手織りにこだわっても、染料や糸といった素材が工業的な製品になってしまうと、ちぐはぐになり、手仕事の生き生きとした力が相殺されてしまう。そうした問題が、日本列島でも世界の各地でも、あらゆるところで起きている。手織りにこだわるなら、それとよくなじむ糸はどんな糸かという探究がとても重要になる。

手織りとなじむ糸はどんな糸か。自然素材の糸といっても、糸の製法による違いが大きい。生糸の場合には、第一章でも述べたように、近代化の過程で、工業的な製糸に適した品種だけを農家で飼育させるような政策がとられた。つまり、手織りになじむ糸を探るには、蚕の品種や糸づくりの方法をさぐり直すことが必要になる。

身体的なリズムが織り込まれていく手織りの製品は、ひとつひとつが違った持ち味をもつ。それに対して、工業的な製品は、どれもが同じ規格に適合していなければならず、そうでなければ、流通過程で効率的に取り扱うことができない。

染料でも化学染料は、規格に合った製品を量産するのに適している。他方、自然染料は、条件の違いによって染まり方が違ってくるので、一品ごとに異なる持ち味を追求する手織りによくなじむ。また、自然環境や健康への配慮という視点からいっても、自然染料は化学染料に比べて格段に優れている。植物染料の色素の多くは、抗酸化物質であり、薬効が知られているものが多い。つまり、染料を扱う染色家の健康にとっていいだけでなく、染色された衣などを触れるユーザーの健康の保持にも役立つと考えられる。

このように、機械生産、工業生産が一般化する時代には、手仕事にも知らず知らずのうちに、その影響がおよび、手仕事に合った素材を確保するのは簡単ではなくなっている。手織りの本来のよさを取り戻すには、手織りになじむ素材の探究という点で自覚的になる必要がある。問題を見えやすくするために、素材の探究が本格的な度合いを三つのレベルに分けてみると、次のようになる。

レベル－0
手織りを続けているものの、手織りになじむのはどのような糸や染料かという問題意識が欠けていて、漫然と手軽に入手できる素材を使っている。

レベル－1

手織りになじむ自然素材の糸や天然染料についての探究を重ね、よい素材のよいレパートリーを各地から入手できるルートをつくっている。

レベル－2

手織りになじむ自然素材の糸や天然染料についての探究を重ね、よい素材のよいレパートリーを、自分たちの身近なところで栽培・飼育したり、採集したりして、入手できる環境を整えている。

このうち、レベル－1が挑んでいるのは、食になぞらえると、自然食レストラレンのシェフが、自分の店で出すおいしくて健康的なメニューのバラエティを豊かで楽しくするために、土台として、どのような食材のレパートリーを揃えればいいかという問題に当たる。シェフにとって、そうしたよい食材の良いレパートリーを揃えられるようにさまざまな仕入れルートを開拓し維持することが、レストラン経営の基盤になるだろう。

シェフにとっては、よい食材のよいレパートリーを揃えられれば、それらの多様な組み合わせを試してみることを通じて、次々に新しいメニューを開拓していくことができる。

織手にとっても、さまざまに個性の違う糸、多様な自然染料といったよい素材のよいレパートリーを揃えることができると、あれとあれを組み合わせたらどうなるだろうか、という着想がたくさん浮かんでくる。そして、着想を試してみる作業を重ねることを通じて、織物のバラエティを豊かにしていくことができる。

このように、レベル-1に到達できれば、織手は十分に創造的な仕事をすることができる。しかし、レベル-2になると、より深い仕事が可能になってくる。アレグザンダーのいうところの、深い感覚の美しさの度合いを高められる。いうまでもなく、紅露工房の特質は、レベル-2の環境づくりを徹底して追求してきた点にある。

つぎに、レベル-1からレベル-2に移ることによってどのような飛躍が起きるのかを、アレグザンダーの「生きた構造」と「生成的プロセス」についての考察を手がかりにして、説明してみることにしよう。

紅露工房の環境と生成的プロセス

アレグザンダーは、人間が制作するもののうち、深い感覚の美を備えるものは、自然がつくり出すものと共通する「生きた構造」をもつという。彼は、自然の中でつくり出されるさまざまな形態と、深い感覚の美をもつ芸術作品、建築物、工芸品についての詳細な分析を通じて、「生きた構造」を特徴づける十五の特性を抽出した。

昭子さんの仕事の質を考える上で、重要と思われるのは、このうち、「1 スケールの諸階層」「4 交互の繰り返し」「8 深いかみ合いと曖昧さ」「9 対照」「10 段階的な変化」「11 大まかさ」「12 こだま（共鳴）」「14 簡素さと内なる静けさ」だろうか。

こうした「生きた構造」をつくり出すには、「生成的プロセス」が不可欠だと、アレグザンダーはいう。「生成的プロセス（生きたプロセス）」についてのアレグザンダーが述べる指針をいくつか引用してみよう。

「生きたプロセスとは、構造保持変換を重ねて、一歩一歩、生きた構造を生成していく、調整プロセスである。」

「こうした変換を重ねることによって、やがて全体としての質感が出現する。」

「生きたプロセスを支配するのは、いつも全体としての質感である。」

「あらゆる生きたプロセスは、全体にわたって、感覚と一致し、感覚によって導かれる。」

「生きた構造」を生み出す15の特性

1. Levels of Scale　スケールの諸階層
2. Strong Centers　力強いセンター
3. Boundaries　境界
4. Alternate Repetition　交互の繰り返し
5. Positive Space　正の空間
6. Good Shape　良い形
7. Local Symmetries　部分的な対称性
8. Deep Interlock and Ambiguity　深い噛み合いと曖昧さ
9. Contrast　対照
10. Gradients　段階的な変化
11. Roughness 大まかさ
12. Echoes　こだま（共鳴）
13. The Void　空
14. Simplicity and Inner Calm　簡素さと内なる静けさ
15. Not-Separateness　周囲と分離しない

「機械的プロセス」は、詳細な設計図をまず完成し、その通りに部材を組み立てていくのに対して、「生成的プロセス」は、最初は大まかなスケッチだけがあり、試行錯誤を重ねながら、だんだんに形を具体化していく。細胞分裂を重ねるとともに胚から生物の形が出現するのに似ている。

「生成的なプロセス」の説明で、「構造保持変換」(Structure-preserving Transformation）の積み重ねという考え方が鍵になっているので、この用語について、具体的に述べておこう。

構造とはたくさんの要素が集まってつくり出す「まとまり」あるいは「形」のことだといっていいだろう。変換とは、こうした構造S_1に手を加えて、もとの構造S_1と区別される構造S_2に変えることだ。そして、「構造保持変換」とはもとの構造をできるだけ保持しながら、より生命感の強い構造に変えることだという。つまり、より力強い「生きた構造」に変えるような変換であり、かつ、もとの構造をできるだけ保持するという条件がついている。

アレグザンダーは、こうした「構造保持変換」の積み重ねの例として図のような模様がつくられるプロセスを示している。この例でD_1からD_2、D_2からD_3、D_3からD_4、D_4からD_5、D_5からD_6、D_6からD_7というように六回の変換が行われている。それぞれの変換が前の構造をできるだ

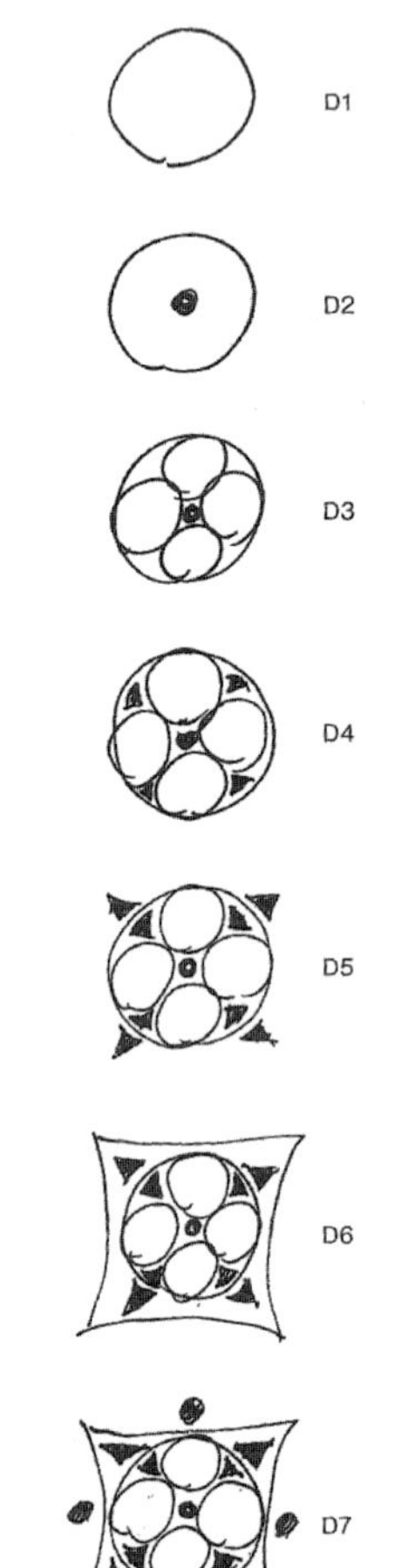

構造保持変換の積み重ねの例

Christopher Alexander:
The Nature of Order 2 , 2003 p53に基づく

け保持しながら、より強い生命感をもつ構造に変えるという条件を充たしている。
ある構造が与えられたときに、これを別の構造に変える変換は無数にある。しかし、その中で、「構造保持変換」という条件を充たすような変換は、ごく限られたものだけだという。そして、与えられた構造に潜在している可能性に注意を凝らすことによって、そうした「構造保持変換」が見つけ出される。

染織の仕事の中で、「構造保持変換」の積み重ねというモデルがよくあてはまるのは、大きな布を織る作業をはじめる前の段階での「試し織り」の工程での試行錯誤だ。例えば、黄繭の糸がとても強い生命感をもち、心に訴えるものがあると、織手が感じたとしよう。この糸の力を最大限に引き出すような布を織るには、どうすればいいか、さまざまなアイデアを試してみる。この黄繭の糸と組み合わせるのは、どんな素材のどんな色の糸がいいか。どんな織り方がいいいか。試し織りの段階では、さまざまな可能性を試してみて、もっとも力強く、美しいのは、これだという道筋を見つけ出す。

ところで、深い感覚の美しさをつくる上で、先述の素材の探究のレベルのうちで、なぜ「レベル－2」が有利かを説明するには、「生きた構造」の十五の特性のうち、「1 スケールの諸階層」に注目するのがわかりやすい。

「スケールの諸階層」というのは、例えば、建築物を見る場合、遠くから見る場合、少し近づいて見る場合、近づいて見る場合、うんと近接して細部の材質まで注意する場合で、見え方や印象はまったく異なる。「生きた構造」をもつ建築物の場合には、こうした異なったスケールが互いに支え合って、強い生命感を作り出している。そして、互いに支え合う階層の数が多数になる程、生命感が強くなる。

布の場合にも、糸を構成する繊維どうしの関係、糸の質感、複数の糸と糸との相互作用、布の部分と部分の相互作用といったように、多層的な「スケールの諸階層」から構成されている。

実際的には、「生きた構造」の布をつくるためには、糸と染料のレベルで、十分に納得できる丹念な仕事をすることが不可欠になる。自分たちで繊維素材や染料植物を育てる環境をもつ「レベル－2」の場合には、こうした基層の部分についてしっかりしたことができる。そのため、当然、力強い「生きた構造」をもつ布をつくりやすくなる。

昭子さんが「見えないプロセス（機に糸をかけるより前の段階）が一番重要だ」というの

も、そのためだ。

第五章　〈自然共生型暮らし・文化再生〉の先行モデルとしての紅露工房

紅露工房については、染織をはじめとする工芸関係者の間ではよく知られている。また、龍村仁監督の『地球交響曲第五番』に石垣昭子さんが主演したため、このドキュメンタリー映画のシリーズのファンの中にも紅露工房に強い関心をもつ人たちがいる。

しかし、紅露工房の経験から多くを学ぶことができそうな、それ以外の人たちのところに、情報が十分に伝わっているかというと、どうもそうはいえないようだ。なかでも、近年、山村・離島には地域再生の動きが活発なところも出てきているが、そうした活動の担い手たちに、紅露工房の経験をよく知ってもらえれば、きっと吸収できるものがたくさんあると思われる。

そこで、この章では、近年の山村・離島の地域再生の動きと、紅露工房における〈自然共生型暮らし・文化再生〉の経験との橋渡しを試みることにする。

山村・離島へのIターンの動きと〈自然共生型暮らし・文化再生〉

二〇一一年三月十一日の東日本大震災とそれにともなう原発の災害によって、日本列島住民の日本社会への信頼感が大きく揺らいだ。この出来事以後、日本人の意識の深層においても、大きな地殻変動が起きたようだ。それがどういう変動であったのか、まだ誰にもよくわからない。

おそらく、三・一一以降に顕著になったさまざまな趨勢（すうせい）に、そうした深層意識の変化が反映されているのだと思われる。そうした趨勢のひとつに、大都市から地方に移住する若者の増加という現象がある。地方の中でも、過疎化の進んでいる中山間地や離島への移住を選ぶ人が目立つようになっている。

企業はグローバル競争に勝ち残るために、基幹的人材以外は使い捨てにする人事政策を鮮明にするところが増えている。そのため、大都市で暮らす若者の中には、中山間地や離島で暮らす方が、人間的な生き方をできるのではないかと考える人たちが少なくない。しかし、漠然とそういうイメージをもっていても、それを実現できる人は多くはない。どうやって生計を立てるのか、住まいを確保できるか、子どもたちの教育に支障はないか、地元民がよそ者を受け入れてくれるか等々、さまざまなハードルがある。

ところが、過疎化の危機を深刻に受けとめた市町村の中には、移住志望者との接点を増やし、さまざまな形で移住を手助けする政策に力を入れるところが増えてきた。

そうした地域への移住がだんだんに進むようになっていた。

三・一一の大災害は、こうした流れを加速する要因となった。都市の生活は、とても危ういシステムに依存していることに、多くの人が気づいたからだろう。これからの時代は、気象異変が激しくなって大災害が頻発し、食料・エネルギーなどの資源をめぐる国際的な争奪戦も激化する。そういうリスクに振り回されないようにするためには、緊急事態のときには、自分たちで食料やエネルギーをある程度確保できるような環境をつくっておくのがよい。何よりも、薄氷の上のような不安から逃れて、地に足の着いた暮らしがしたいという願いが強くなっている。中山間地・離島での暮らしは、苦労も多いが、自分たちでそうした工夫をしやすい条件にある。

中山間地・離島に移住する際に、生計を立てるための職を得ることができるかどうかという点が大きなハードルのひとつだといわれてきた。しかし、この点についての解決策として、「半農半X」という考え方が一般的になりつつあるという。つまり、農業で生計を立てるというのは、簡単ではないが、自給的な農業をやりながら、それにちょっとした収入が得られるいくつかの仕事（できれば自分たちの志や能力を活かせるもの）を組み合わせて、生計が成り立つようにしよう、というものだ。「農」を「業」として成り立たせようとすると制約が多いが、自給用ならば、たとえば無農薬栽培で品物が不揃いだったり、生産性が低くても問題にならない。自分たちの食べるものをなるべく自力でつくるというのは、中山間地・離島での暮らしを選ぶ多くの人たちにとって、ぜひ実現したいテーマになっている。

中山間地・離島での暮らしの大きな魅力のひとつは豊かな自然の中で暮らすことができる点にある。自然はときには美しく感動的な姿を見せてくれるが、ときには人々に厳しい試練を課す。そうした多面的な自然を謙虚に受け入れていかないと、中山間地・離島で暮らしていくことはできない。

中山間地・離島では、こうした自然の中で生きて行く知恵が凝縮した衣食住遊の生活文化が継承されてきたが、過疎化とともに消滅しかかっている要素も多い。移住者が増えている地域では、地元の人と移住者とが協力し合って、新たな形で生活文化を再創造していくことになるだろう。

こうした動きを仮に「自然と共生する暮らしと文化の再生」という言葉で要約してみることができるだろう。

この「自然共生型暮らし・文化再生」の先行的モデルといえるものが日本列島の各地にあるが、この本で紹介した西表島の紅露工房は、その代表的なもののひとつだ。現在まさに、「中山間地・離島の暮らし・文化再生」の試みに取りかかっている人たちやそれを支援しようとする人たちは、先行的モデルから多くの示唆を得ることができるに違いない。

近年の山村・離島における〈自然共生型暮らし・文化再生〉の動き

現在進みつつある中山間地・離島における「自然共生型暮らし・文化再生」の試みと先行的モデルとしての西表・紅露工房を比べると共通の要素が多いが、それらの要素の相互関連の仕方という点では、違いも大きい。

そこで、現在、「暮らし・文化再生」の試みの渦中で方向を模索している人たちが、先行モデルを読み解きやすくするためにも、近年の中山間地・離島の動向と対比して、西表・紅露工房における「自然共生型暮らし・文化再生」の特徴を整理しておくことにしたい。

まず、現在進みつつある中山間地・離島の「自然共生型暮らし・文化再生」の試みの特徴を、小田切徳美『農山村は消滅しない』などを手かがりにまとめてみると、次の点があげられる。

①過疎化問題への住民の意識転換のきっかけ
　＝域外の人の視点を通した地域の魅力再発見
②住民たちの討議の積み重ね＝地域再生戦略づくり
③地域内の自給的な農業の復権
④消滅した祭・行事、郷土料理などの復活
⑤グリーン・ツーリズム（農家民宿、民泊など）
⑥移住を促進する研修の仕組みづくり
⑦地域づくりの核となる複合的機能をもつ事業体

①過疎化問題への住民の意識転換のきっかけ　＝域外の人の視点を通した地域の魅力再発見

過疎化の危機が深刻な中山間地・離島の中で、他人まかせにするのではなく、自分たちで問題をとことん考え、地域の消滅を避ける取り組みに主体的に取り組む集落や市町村がところどころに出てきている。そういうところではほぼ共通して、域外の人との交流が住民の意識転換のきっかけになっている。

このまま行くと遠からず集落が消滅したり、廃村になったりするとわかっていても、どうしようもないと諦めの気持ちの強かった人たちが、よそ者がやってきて、「ここは別天地のようだ」と感嘆するのを見ると、自分たちの地域への誇りを取り戻し、やっぱり自分たちで本気で取り組まなくてはという気持ちになる。

②住民たちの討議の積み重ね＝地域再生戦略づくり

活発に動き出しているところでは、地域再生への取り組みが具体化していく過程で、問題意識と地域の変革の方向について共通認識ができるまで、集落レベルおよび市町村レベルで、繰り返して討議が重ねられている。

その結果として、以下のような方向に向かっているところが多い。

③地域内の自給的な農業の復権

中山間地・離島の農業が衰退した原因のひとつとして、地形的条件などから規模の拡大による生産性の向上を基本とする国の農業政策があてはまらず、落ちこぼれ扱いにされ、劣等感をもってしまうということがあった。

しかし、近年になって、中山間地・離島の農業では、伝統的な多品目生産の自給的農業の復活を重視した方がよいという考え方が強くなっている。その方が暮らしを豊かにでき、地域の魅力を高めることができる。多品目の自給的生産の中から地域外で人気のある産品を育て、道の駅やネット販売などで対外的に販売していけばよい。

④消滅した祭・行事、郷土料理などの復活

中山間地・離島では、ユイなどの相互扶助によって農作業を進めるだけなく、地域のメンバーが役割分担をして祭りや行事を続け、それがコミュニティの結束を高めるとともに、自然と祖先への畏敬の念を世代から世代へと伝えてきた。しかし、過疎化が深刻化すると、祭りや行事を維持することも困難になり、消滅してしまうものも増えてくる。

そこで、集落・町村の活気を取り戻すひとつのステップとして、地域外の人の手も借りながら、地域のアイデンティティの柱になっている祭りや行事を復活する取り組みを選ぶ地域も多い。

つくられなくなってしまった郷土料理の復活も、地域の魅力を高める効果をもつ。

⑤グリーン・ツーリズム（農家民宿、民泊など）

過疎化の危機に瀕する中山間地・離島が無人化の危機から脱するには、地域外の人との交流を深め、地域の魅力を知ってもらい、その中から移住の決意をする人が出てくるようにする必要がある。そうした地域外の人たちと交流を深める仕組みとして、農家民宿、民泊などを中心とするグリーン・ツーリズムが重視されるようになっている。

中山間地・離島の農業・林業・漁業は、さまざまな不利な条件下にあるため、それだけでは生計を成り立たせるのが困難なことが多い。そこで、本業を補う副業として、グリーン・ツーリズムを組み合わせるという考え方だ。お客を受け入れるための改築などは最小限にして、自然と共生する農家の日常の暮らしを旅人に体験してもらうことに重点をおく。

⑥移住を促進する研修の仕組みづくり

中山間地・離島で、大都市圏からの移住者が増えている地域では、さまざまな形で移住者との接点をつくり、移住者にとってのハードルを低くする工夫をしている。その中で、重要なもののひとつとして、地域で就業するのに必要な技能を学ぶとともに、生活体験をしてもらう研修の仕組みがある。

⑦地域づくりの核となる複合的機能をもつ事業体

過疎化の深刻化とともに、起きてくる大きな問題のひとつは、地域の暮らしに欠かせない食品スーパーやガソリン・スタンド、公共バスなどの経営が成り立たなくなって撤退してしまうといった事態だ。そうした問題に対して、住民たちが資金を出し合って住民経営の事業体をつくるところも出てきている。

そうした住民経営の事業体を成り立たせるためには、ひとつの分野の事業だけを行うのではなく、さまざまな分野の事業を複合するというやり方も多くなっている。

例えば、「食品スーパー＋ガソリン・スタンド＋高齢者向けミニ・バス」。

こうした複合的事業体が地域づくりの核としての役割を果たすことも多い。

例えば、島根県浜田市弥栄地区の「やさか共同農場」は、有機農業と産品の大豆を原料とした味噌の製造を営んでいるが、全国から研修生を受け入れ研修機関としての機能ももっている。研修後にこの地区に移住する人も多く、やさか農場卒の人たちが若手農業者として地域の新たな事業起こしに活躍している。

西表島・紅露工房における〈自然共生型暮らし・文化再生〉の経験

次に、このような中山間地・離島で現在進みつつある「自然共生型暮らし・文化再生」の試みと比べて、先行モデルのひとつである西表島・紅露工房における「自然共生型暮らし・文化再生」の特徴を石垣金星さんの「金星人通信」などを参考にして整理してみると、次のような要素をあげられる。

一九七〇年から八〇年代に形づくられているため、現在とは時代状況が違い、また西表島の地域特性も強い。しかし、現在、中山間地・離島で起きつつあることと共通する要因も多い。

①Uターン者による島おこし運動
②地域の祭り・儀礼と芸能の継承
③自然素材による染織の伝統の復活
④無農薬・合鴨農法の稲作
⑤観光関連に従事するIターン移住者の増加

⑥エコツーリズム
⑦大規模リゾート開発反対運動
⑧複合的機能をもつ核としての紅露工房

①Uターン者による島おこし運動

八〇年代はじめに石垣昭子さんと結婚して紅露工房の創設を支えることになる石垣金星さんは、東京の大学を卒業後、那覇で教員をしていたが、沖縄が日本に復帰した七二年に故郷の西表島に戻って暮らすことにした。日本への復帰を前にして、本土資本による土地の買い占めが起こり、島の荒廃が進もうとしているのにショックを受けたからだという。これを見て、日本への復帰というのは一体何なのかという疑問も深まった。

若者たちはみな、高校進学のときから島外に出るのが当然で、親たちも農業を継ぐことよりも、島外で就職して身を立てることを期待していた。そんな中で、金星さんは、若者たちが故郷に戻って、農業を継ぎ、青年会の活動を再建しないと島の暮らしと文化が滅んでしまうという危機感をもった。そこで、まず故郷に戻って教員となり、祭りのときに島に帰ってきた同世代の若者たちに、島を守るために戻って来いと説得した。それに応じて戻ってきた若者たちとともに農業をはじめるために、金星さんは教職を辞めた。

行政はリゾート基地誘致という方針をかかげて、観光資本による土地買収に協力していたが、金星さんたちの島おこしグループはそれに反対し、島の人たちが島を守り、自力で地域の農業と文化を再建しなくてはならないと主張した。

一九七九年には、下田正夫氏(元西表診療所医師)、吉田嗣延氏(元沖縄協会)、玉野井芳郎氏、清成忠男氏らの協力で、「西表シマおこし交流会議」が開かれ、島の若者たちを島外の研究者たちが勇気づけてくれた。

②地域の祭り・儀礼と芸能の継承

西表島の農業は、祭りと儀礼、芸能と切っても切れない関係にある。そこで、金星さんたち島おこしグループの若者たちは、農作業を身につけるとともに、島の先輩たちから、三線と歌、稲作にまつわる儀礼を積極的に学んだ。

島では、文字ではなく口承で文化や技能が伝えられてきたから、稲作の勘所も、すべて、歌の歌詞として伝えられている。種播きから稲刈りまで、たくさんの節目ごとに神様に祈る儀礼があり、そのときに集落の人が田に座って歌う歌がたくさんある。

③自然素材による染織の伝統の復活

石垣昭子さんは、東京の大学を卒業後竹富島に戻り、島の民芸館で働いた。その後、志村ふくみさんに弟子入りし、京都で染織を学んだ。竹富島に戻ったあと、80年には西表島に移り住み、金星さんと結婚し紅露工房を設立した。

西表島にはかつて島の素材を使って糸や染料をつくる伝統があったが、長らく途絶えてしまっていた。昭子さんは、金星さんの協力を得ながら、工房の周囲から染織の素材を得られる環境をゼロからつくり直すことにした。こうした仕事の環境づくりの過程で、昭子さんの染織の仕事も大きな飛躍をとげた。

④無農薬・合鴨農法の稲作

八五年頃から、沖縄でも食管法が全面的に適用されることになり、米の等級制が適用されることになった。行政は、高い等級の評価を得るために農薬を使うように指導した。そこで、無農薬栽培で特別栽培米の指定を受けるか、農薬を使うかという選択を迫られた。

金星さんたちのグループは、無農薬栽培で特別栽培米の認可を得て、「ヤマネコ印西表安心米」という名で産直販売することにした。それとともに、台湾の農業に学び、合鴨農法を取り入れた。

⑤観光関連に従事するIターン移住者の増加

西表島は、亜熱帯の豊かな自然がある島なので、サンゴ礁の海でのダイビング、カヌーでの川下り、トレッキングなど、自然とふれあう旅の人気が高まっていった。それにともなって、西表の自然を愛する人たちの中には、島に移住して、ペンションや民宿の経営や自然ガイドの仕事につくという道を選ぶ人が増えていった。

かつての西表はマラリアの危険があり住むには過酷なところだったこともあり、絶滅した集落も多く、その上若者が島外に流出していたので、地元民の人口はそれ程多くはなかった。そのために、外部からのIターン移住者の数が地元民を上回る状態になっていった。

⑥エコツーリズム

九〇年ころから、環境庁が国立公園の利用方策という点からエコツーリズムに注目するようになり、西表島も、導入を検討する地域のひとつとなり、調査研究が行われた。金星さんも、大資本による大型リゾート開発に対抗する西表に適した観光のあり方として、エコツーリズムが望ましいと思うようになった。

九六年には、西表エコツーリズム協会が設立され、金星さんが会長になった。協会は、「環境保全」「環境教育」「文化継承」「エコツーリズム」の四つのキーワードを柱にして、活動している。

⑦大規模リゾート開発反対運動

二〇〇二年九月、ユニマット不動産が、紅露工房の近くのトゥドゥマリ浜に収容客数七〇〇人を超える大規模ホテルの建設を計画していることが明らかになり、大騒ぎになった。それまで、西表の宿泊施設は民宿やペンションなどの小規模の施設が分散していたため、自然環境への影響は限定的だった。しかし、大規模なリゾート開発となると話は別だ。西表島は生物多様性が高く、それだけに生態系はきわめて複雑で、壊れやすい。

西表島をフィールドにするさまざまな分野の研究者が危機感を感じて、この開発の問題点について討議を重ねた。そして、二〇〇五年には、西表島の住民と西表の自然を危惧する島外者が原告となって、開発差し止め訴訟が行われた。原告団団長となったのが金星さんだった。

この反対運動に参加した住民の多くは、ペンション、民宿の経営や自然ガイドに携わるＩターン移住者だったが、地元民でずっと大手資本によるリゾート開発に対する反対を貫いてきた金星さんが運動の顔となった。

裁判を通じて開発を止めることはできず、結局、ユニマットのホテル建設は進められてしまった。しかし、大規模開発が大手をふって進んでいくことを防ぐ、牽制の役割を果たした。

⑧複合的機能をもつ核としての紅露工房

紅露工房の機能はきわめて多岐に渡り、島内と島外を結ぶ要として役割を果たしている。昭子さんのつくる布を愛好する人は日本列島の各地にいる。また、昭子さんは首都圏の真木千秋さんや真砂三千代さんとのコラボレーションによって、真南風ブランドの布や服をつくっている。こうした広域のつながりの中で仕事をする反面で、昭子さんの布づくりは、地域の暮らしとも密接なつながりをもっている。

昭子さんが西表島に移り住んで最初にした仕事は、島の女性祭祀者であるツカサの神衣をつくることだったという。その後も、祖納集落の祭りに使う衣裳が古びていたので、少しずつつくり直していった。また、八重山舞踊の新城知子さん、音絵さんの衣裳も昭子さんがつくっている。

そのほか、昭子さんは地域内でさまざまな役割を果たしてきた。例えば、竹富町婦人連合会の十四代会長をつとめたし、二〇一七年までの十年間、西表島エコツーリズム協会の会長となった。

紅露工房の複合的機能という点でいうと、「野の仕事／野の学び／野の遊び」の複合という言い方もできる。「野の仕事」は、昭子さんたちの芭蕉の畑での農作業や工房の庭での染色作業、工房での機織り、金星さんの田んぼづくりなどだ。「野の学び」は、工房の研修生たちの学びとともに、列島各地からの大学生や高校生などを受け入れて研修プログラムを実施することもある。芭蕉の糸づくりや染色のワークショップなどを体験してもらう。「野の遊び」は祭り（神を迎え、歌や踊りでもてなす）が主だが、金星さんは三線と八重山民謡の名人なので、客が来れば、泡盛と歌でもてなすことが多い。

九六年に紅露工房で、アジアの手仕事交流のワークショップが開催された。それに参加したインド人の若いデザイナーの女性は、「ここはアーティストにとってパラダイスだ」と語った。龍村仁監督の映画『地球交響曲第五番』を見た人たちも、西表の自然の美しさとおだやかさ、その自然のリズムにさからわない暮らし、自然の恵みを受けとめて糸や染料をつくり、布を織りあげていく様子に、感嘆せずにいられないだろう。

紅露工房における昭子さん、金星さんの暮らしは、まさに究極の「自然と共生する暮らしと文化」だといえる。

しかし、こうした暮らしと文化は、労せずに得られたものではない。グローバル資本主義の原理に島がのみ込まれてしまうのを防ぐたえざる闘いと、「大都市の豊かさ」とは別の「島の暮らしと文化の豊かさ」とは何かと、問い続けてきた末の到達点なのだろう。


こうした点を踏まえると、現在、各地の中山間地・離島で進みつつある「自然共生型暮らし・文化再生」の試みも、その先行モデルのひとつである西表島・紅露工房の特徴と同じ方向を向いているといえる。

そして、最近になってはっきりしてきたのは、中山間地・離島にはさまざまな形で不利な条件があるが、裏から見ると、中山間地・離島の暮らしには、大都市とは別の豊かさがかくれているということだ。

地球全体の気象異変が激しくなったり、大規模の災害が頻発するようになって、大都市の住民にも、商品経済に依存した暮らしの脆さを実感する人が増えている。もっと、地に足の着いた暮らしができないだろうかという思いが強くなっている。

そういう中で、大都市の暮らしの便利さや豊かさの対極にある中山間地・離島の暮らしの中に、違った豊かさがあることに気づく人が増えてきている。

そして、中山間地・離島ならではの豊かさを補強して地域の活力を取り戻す、「自然共生型暮らし・文化再生」という方向がはっきりしてきた。

「自然共生型暮らし・文化再生」を進めていくには、大都市の豊かさとは別の「山村・離島の豊かさ」とは何かをよく考えてみなくてはならない。そのひとつの視点として、「大都市の創造性」とは別の形の「山村・離島の創造性」についてよく考えてみることが必要になる。

〈山村・離島の創造性〉

山村・離島の暮らしの中には、「大都市の創造性」とは別の形の創造性があると考えられる。

実際、八重山諸島の人たちと接した経験から、離島に暮らす人には、クリエイティブな人が多いという実感がある。仕事や暮らしの中で、自分なりの創意工夫をする習慣があり、それに喜びを感じる人が多いのだ。おそらく、八重山諸島にかぎらず、多くの山村・離島に共通してそういうことがいえるのではないだろうか。もっとも、過疎化が深刻化し、いろいろな機能の空洞化が進んでいる地域では、そういう活力が失われつつあるところも少なくないかもしれない。

ともあれ、山村・離島には、自分なりの創意工夫をする習慣を促すようなさまざまな条件があるのだと考えられるので、それはどういうことかを考えてみたい。

山村・離島において人々の役割分担の仕方という点での特徴のひとつとして、一人で何役もこなす多芸多才性をあげることができる。それに対して、大都市では、仕事の専門分化が著しく進んでいる。個人の職能という点で専門分化とともに、企業が生産する製品・サービスという点でも専門分化が進んでいる。

都市の動態についての優れた観察者かつ思索者であったジェーン・ジェイコブスは、大都市の創造性の源泉は、多様に専門分化した多数の小規模企業が集積している下町にあることを指摘した。例えば、ある小企業が新たな製品を開発するために、試作のために特殊な部品が必要なときに、周囲に多様な専門をもつ企業があると、そうした部品を製造する技術をもつ企業を見つけやすい。

他方、専門分化の進んでいない山村・離島には、違った形の創造性があるように思われる。大都市で暮らす人たちの場合、自分の専門はこれだという思い込みが強く、ぜんぜん別の分野のことを新たにはじめようという発想が起きにくい。それに対して、山村・離島の人たちの場合、多芸多才性の素地があるためか、タクシーの運転手をしていた人があるとき思いたって木工の工房をはじめるといったことが、あまり違和感なく起きるようだ。多芸多才性というのは、個人の仕事や暮らしにおける創造性の開花という点で有利な条件になるのではないかと思われる。

山村・離島では、仕事の専門分化が進んでいないというだけでなく、生産と消費のはっきりした分化も起きていない。

大都市では、製品・サービスを生産し販売する企業とそれを購入する消費者という機能の分化がはっきりしている。そのために、消費者は、さまざまな製品やサービスを提供する企業がどのような技術や工程で生産しているのかについて具体的に知る機会が乏しいので、大部分の人は、店頭に並んでいる商品の中から選択するだけの受け身の消費者にならざるをえない。

他方、山村・離島では、域内で生産している産品に関しては、生産者と消費者とがあまりはっきりと分かれていない。農産物などについては、自給的な生産が多く、コミュニティの中で贈与し合う分も多い。こうした産品については、身近なところで身近な人がつくっているので、その使い方や保存の仕方などについて具体的な知識をもとに、工夫することができる。もっとも、域外から入ってくる商品については、山村・離島の人たちも、受け身の消費者になっている。

大都市の場合には、生産者と消費者がはっきりと分化して金銭的な取引によって結びつけられるのに対して、山村・離島の場合には、生産者と消費者という形の分化は希薄で、産品をつくる人と使う人との距離が近く、重なり合っている。両者が混じり合って地域の暮らしを形づくっている。そう考えると、山村・離島の創造性の特徴のひとつは、「地域の暮らしに根ざす創造性」という点にあるといえそうに思える。

そこで、山村・離島における暮らしに根ざす創造性とは何かを考えていくことにしよう。この創造性は、山村・離島の暮らしの不便さと裏腹の関係にあるのかもしれない。

大都市の便利さは、多様に専門分化した企業が集積しているため、お金を出せば何でも買えるという点にある。他方、山村・離島では、専門的な機械、部品、素材、書籍などを店で買うためには、遠くまで出かけて行かなくてはならない。

さらに、山村・離島には、就業機会が乏しいために、現金収入が得にくいという問題があり、遠くに買いに出かけようとしてもお金が十分にないということも多い。

しかし、山村・離島には、大都市では得られない有利な条件もある。身近な自然の中に、その気になれば利用できる食材、素材がたくさんあるということだ。そこで、必要なものはお金を出して買うことを考えるより、まず、身近なところにある食材、素材を使って、自分たちでつくる工夫をするのが、かつては当たり前だった。

子どもたちも、大人たちが身近な素材をさまざまな形で使うのを見て育つので、小さい頃からそういう工夫を身につけていく。少なくとも、ある時期まではそういう環境があった。

山村・離島の暮らしに根ざす創造性は、こうした身近な食材、素材をうまく活かす創意工夫と不可分な関係にある。そうした山村・離島の創造性の特徴について、もう少し掘り下げて考えてみる。

その特徴のひとつとして、〈ブリコラージュ的な創造性〉をあげることができる。ブリコラージュとは、手近にある材料を使って何かをつくることだ。

例えば、夜遅く旅先から家に帰ってきて空腹なので、何かつくって食べようと冷蔵庫を開けてみると、いつも使う食材で欠けているものもある。そういうときに、ありあわせの食材を組み合わせて、おいしいものをつくろうと工夫すると、意外な発見が起きることがある。「知らなかったけれど、この組み合わせはなかなかおいしい」といった発見だ。こうしたブリコラージュは、日常の生活の中でよく起きることなので、何でもないようにも思えるが、創造的な経験のひとつの原点ともいえる。芸術家の創造的な仕事においても、ブリコラージュ的な過程が要になっていることが多い。

山村・離島の場合、手近な食材、素材を使って何かをつくってみるということが日常的なので、ブリコラージュ的な創意工夫の高度な感覚を身につけている人が多い。

山村・離島の創造性の特徴について考える上で、よい手かがりとなるもうひとつの用語として、〈生成的プロセス〉をあげておこう。〈生成的プロセス〉については第四章で説明したが、ここでは少し違った視点からの説明をしてみよう。

〈生成的プロセス〉は、〈ブリコラージュ〉と重なる部分も大きいが、補い合う関係にある用語といえる。

　一般的なエンジニアリングの考え方では、製品・建物・システムをつくる手順として、まず設計の作業を行い、設計図にしたがって、部品や部材を組み立てたり、プログラミングの作業を行う。つまり、まずゴールをはっきりと決め、製造・施工の段階に入ったら、原則としてゴールを変更しない。

　それに対して、〈生成的プロセス〉では、最初にゴールをはっきりと決めることをしない。最初は、漠然としたゴールを想定するだけにとどめ、製品・建物・システムなどの製造・施工を、試行錯誤を重ねながら進めていく過程で、だんだんにゴールを明確にしていく、というやり方だ。

〈ブリゴラージュ〉の場合と同様に、〈生成的プロセス〉の具体例として料理を考えてみよう。家庭の料理を例にすると、料理本などに載っているレシピを見てその通りにつくるというやり方と、ある食材の組み合わせ（例えばイ、ロ、ハ）から出発して、食材の持ち味を引き出すレシピを、試行錯誤を重ねながら、自分なりにつくり出すというやり方がある。後者が〈生成的プロセス〉にあたる。

レシピは、素材を刻んだり、混ぜ合わせたり、加熱（蒸す、煮る、炒める）したり、調味料を加えたりといった多数の工程からなるが、それぞれの素材の持ち味を引き出すために、最適と思える工程の組み合わせと順序を見つけ出すまで、試行錯誤を繰り返す。

料理本のレシピの通りに調理をすれば、大きな失敗はないかもしれないけれど、自分なりの発見や気づきは起きにくい。それに対して、〈生成的プロセス〉の方は、料理が上達するだけでなく、創意工夫の面白さを実感でき、いろいろな創造的な活動につながっていく可能性がある。

山村・離島の手仕事は、伝統的に〈ブリコラージュ的〉であるとともに、〈生成的プロセス〉を基本としているといえる。そして、芸術家や科学者の創造的な仕事の核心にも、〈生成的プロセス〉がある。

ここで述べたように、山村・離島の創造性は、暮らしに根ざす創造性であり、〈ブリコラージュ的〉〈生成的プロセス〉がその中心にある、といった特徴をもつと考えることができる。

山村・離島の創造性とフィールド・ラボとしての紅露工房

ここで、現在、進みつつある山村・離島の再生の動きとの関係で、紅露工房の試みが、どのような意味で「自然共生型・暮らし文化再生の先行モデル」としての位置を占めているのかを、整理し直してみよう。

紅露工房の石垣昭子さんの仕事の土台となっているのは、ここで述べた〈山村・離島の創造性〉と同質のものだと考えられる。しかし、紅露工房では、そうした創造性がきわめて高度なレベルにまでつきつめられている。その結果、紅露工房は、〈地域づくりの核としてのフィールド・ラボ〉としての機能を果たすようになっている。つまり、紅露工房は「創造的研究＋コラボレーション＋研修＋交流」といった複合的機能をもつようになった。こうしたことがいかにして可能になったのだろうか。

図（二二〇ページ）に示したように、もっとも重要なのは、昭子さんが染織の伝統が途絶えていた西表島に移り住んで、自らゼロから染織の環境をつくり直す作業を手がけたことだ。つまり、繊維素材となる糸芭蕉を畑に植え、養蚕のために桑を植え、さまざまな染料植物を栽培、収集できる環境を徐々に整えていった。こうしてゼロから仕事の環境を整え、自ら芭蕉や生糸をつくり、さまざまな染料植物を身近なところから入手できるようになると、「こうしたらどうなるのだろうか」というさまざまな実験のアイデアが生まれてくる。そうしたさまざまな実験や試行錯誤を重ねるとともに、「そうか、こういうことだったのか」という発見が生まれ

■ 紅露工房における〈離島の創造性〉の高度な展開

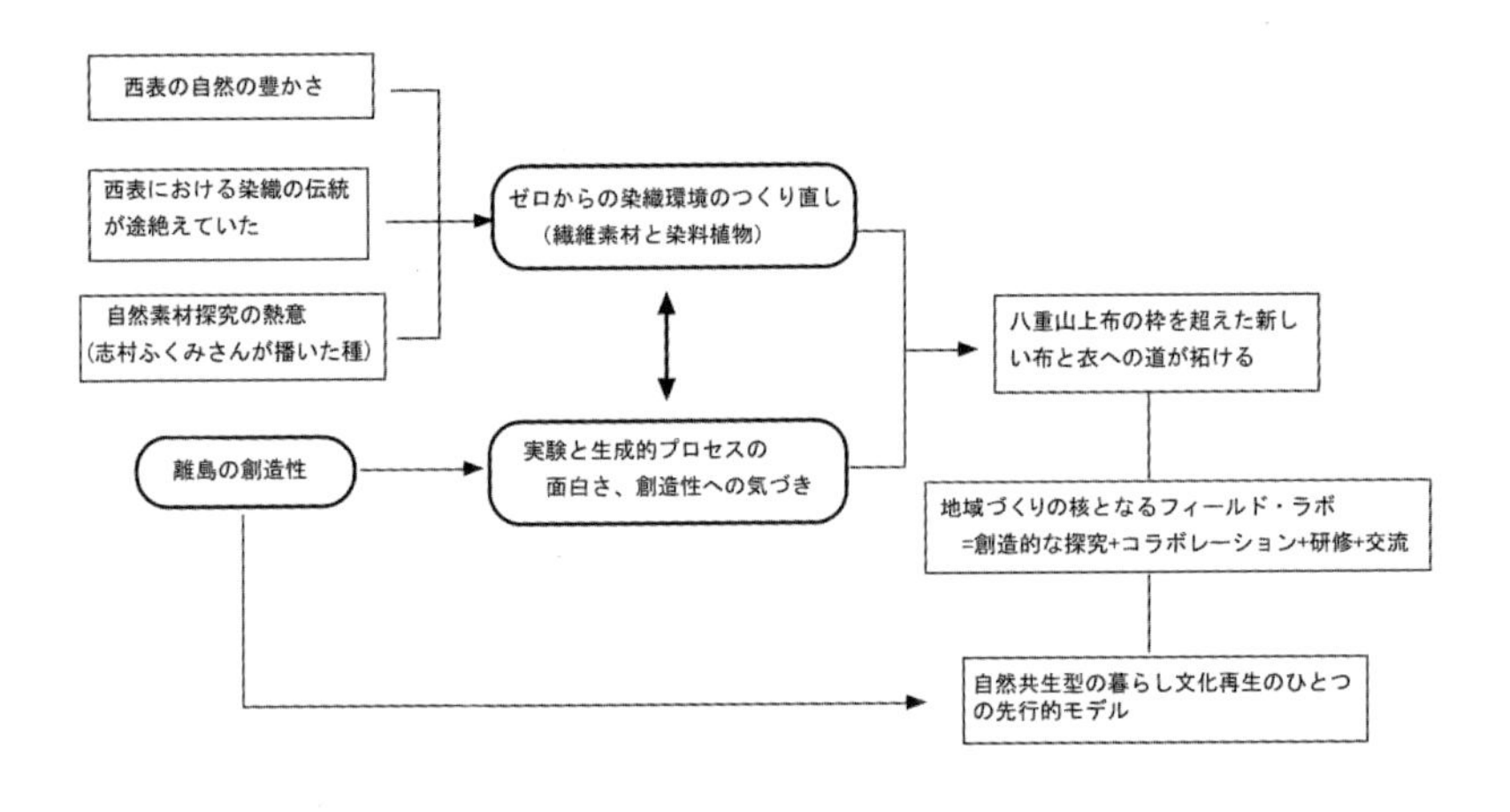

る。つまり、「染織の基本的な素材を身近なところから入手できる環境づくり」と「〈生成的プロセス〉の面白さ、創造性への気づき」の二つが互いに支え合い、促し合う関係が起きたのだ。

こうした気づきとともに、伝統的な八重山上布という枠を超えた、新しい布の衣づくりをめざす、紅露工房の仕事の展望が拓けてきたのだと思われる。

つまり、昭子さんの仕事の土台には、幼い頃からまわりの人たちから吸収してきた〈離島の創造性〉があるが、これが、ゼロから染織の仕事の環境をつくり直す作業にいどむ過程で、「〈生成的プロセス〉の面白さ、創造性への気づき」を通じて、新たな形で再発見されたのだと考えられる。

今後、各地の山村・離島において、〈自然共生型・暮らし文化の再生〉を進めていくひとつの方向として、地域の資源と〈山村・離島の創造性〉を活かして「地域づくりの核としてのフィールド・ラボ」をつくっていくことが考えられる。

先述のように、〈フィールド・ラボ〉の基礎づくりは、工芸、食、住、自然エネルギーなど、あるテーマを決めて、地域で伝統的に利用してきた基本的な自然資源の組み合わせを調べて、そうした基本的な食材や素材（伝統的なもの＋追加する新たなもの）を地域内での栽培、飼育、採集できる環境を再生していくことだ。こうした「よい素材のよいレパートリー」が身近なところから揃えられる環境ができてくると、「実験と生成的なプロセス」が触発されるようになるだろう。

「創造的研究＋コラボレーション＋研修＋交流」という機能複合のうち、「創造的研究」のところに何がくるかによって、さまざまなタイプのフィールド・ラボが考えられる。

山村ではないがフィールド・ラボの高度な例のひとつは、埼玉県小川町の金子美登さんの霜里農場だ。「有機農業＋自然エネルギー」をテーマにした創造的研究のつみ重ねをベースにして、「創造的研究＋コラボレーション＋研修＋交流」の機能複合がつくられ、地域づくりの核になっている。

また、紅露工房と同様の染織の分野のフィールド・ラボの海外における例として、故・森本喜久男さんの「クメール伝統織物研究所（ＩＫＴＴ）」がある。森本さんは、戦火によって途絶えてしまったカンボジアの養蚕と伝統的織物を復活させるために、フィールド調査を重ねた上で、自ら、村における養蚕の復活を支援し、伝統的な技術をもつ織手を探し出して製品を復元してもらった。それとともに、染織の工房を設立し、伝統的な技能を継承する人材の育成をめざした。

二〇〇二年からは、「伝統の森・再生計画」というプロジェクトが始まった。シェリムアップ州アンコールトム郡に荒れ地を入手し、野菜、桑、染料植物を栽培するとともに、工房もここに移し、染織に携わる人たちがここで自給的な暮らしができる工芸村が生まれている。これは、カンボジア版のフィールド・ラボだといっていいだろう。

森本さんは、ＩＫＴＴを設立したばかりのときに、紅露工房で開かれたアジアの手仕事交流のワークショップに参加し、その後も交流は続いていた。「伝統の森」の構想も、紅露工房がひとつのヒントになっているのかもしれない。

山村・離島のロバストネス（しぶとさ）とレジリエンス（再生力）

先述のように、三・一一の大震災と原発事故の後に、山村・離島への若い世代の人たちのIターンが顕著に増加したが、この背景にある要因のひとつとして、大きな災害が起きた際の大都市の暮らしの脆弱さが露呈したということがあると考えられる。

大きな災害や飢饉、経済危機などの危機によって地域の社会・経済・文化が深刻な打撃を蒙（こうむ）り、システムの一部が破壊されてしまった際に、そうした損傷から立ち直り、地域の活力を取り戻す力をレジリエンス（再生力）と呼ぶ。これと関連の深いものに、地域のロバストネスという言葉がある。これは、大きな災害、経済危機などによる打撃が起きて、一部に損傷が起きても、全体が破壊されることなく、生き延びることができるシステムの「しぶとさ」を意味する。

三・一一以降に、山村・離島に移住する人が増えた背景のひとつは、山村・離島の暮らしは高いレジリエンスおよびロバストネスをもつ、と感じた人が多かったからだろう。

前に述べたように、大都市の創造性について考える場合、小さな企業がもつ技術や製品・サービスの多様性が重要だが、山村・離島の創造性の場合には、周囲から入手できる資源・素材の多様性と人々の多芸多才性が重要だ。他方、山村・離島におけるレジリエンス、ロバストネスの高低を左右する基本的な要因も、〈多様性〉と〈多芸多才性〉という概念を中心に考えることができる。

ロングスタッフは、コミュニティの再生力の高低を分析するためのつぎのようなモデルをつくっている。(Patricia H.Longstaff "Building Resilient Communities")

コミュニティ・レジリエンス＝f（資源のロバストネス、適応力）

つまり、コミュニティ・レジリエンスの高低は、資源のロバストネスと適応力という二つの要因によって規定される。そして、資源のロバストネスの規定する基本的な要因はいくつかあるが、その中で「資源の〈多様性〉」がもっとも重要だといえる。「資源の〈多様性〉」とは、ある機能を果たす資源が多様であることだ。

例えば、三・一一の被災地では、暖房を石油ストーブだけに依存するようになっていたところでは、石油の供給が極端に減ってしまったために、避難所で暖房ができなくなったりして、大変な思いをした。他方、暖房を石油ストーブだけに依存せず、薪ストーブなども使っていたところでは、周囲から薪を入手できるので、暖房を維持することができた。この場合、「資源の〈多様性〉」は、暖房という機能を果たすために複数のエネルギー源を使える設備や習慣をもつことを意味する。

コミュニティ・レジリエンスを規定するもうひとつの要因である「適応力」とは、大きな災害や経済危機などによって、地域の平常時の活動が継続できなくなってしまったとき、当面、優先的に維持しなくてはならない機能は何かを判断し、利用できる資源をうまく組み合わせてやりくりしたりする、臨機応変の判断力と実行力だ。ロングスタッフのモデルでは、「適応力」を規定する基本的な要素として「革新的学習力」があげられている。前に、山村・離島の創造性に特徴的なものとしてあげた、ブリコラージュ性も「適応力」と関わりが深いといえる。

ロングスタッフのモデルは、コミュニティ・レジリエンスについて考える際の代表的なもののひとつだが、これを踏まえながら、ここでは、山村・離島のレジリエンス・ロバストネスをより具体的に考える手がかりとして、ロングスタッフの議論には出てこない〈多様性〉と〈多芸多才性〉の関連について、掘り下げてみることにする。

というのは、資源や素材の利用の仕方と住民の技・役割の割り振りの両方について、〈多様

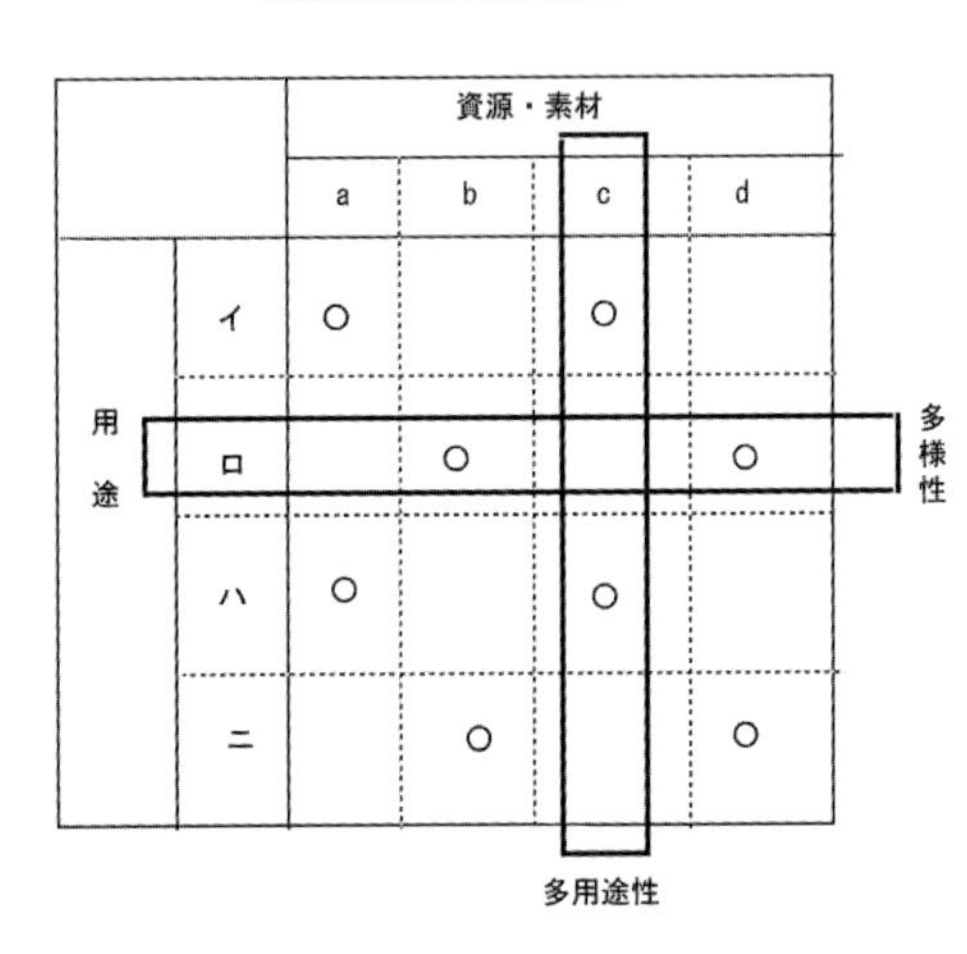

性〉と〈多芸多才性〉を考えることができ、この両方が山村・離島のレジリエンス・ロバストネスを考える上で重要と考えられるからだ。

しかし、資源の〈多芸多才性〉という表現はおかしいので、〈多用途性〉という言葉を使うことにしよう。実は英語では、〈多芸多才性〉は"Versatility"だが、これはある素材をさまざまな用途に使えるという意味ももつ。ある素材が〈多芸多才〉であるとは、〈多用途性〉をもつということになる。例えば、西表では、糸芭蕉は糸をとるだけでなく、きわめて多彩な用途、機能をもつ。葉を皿の替わりに使ったり、若い芽を食材にしたり、灰を媒染剤にしたり、繊維を紙の原料にしたりするだけでなく、糸芭蕉の畑は強い風をやわらげる緩衝帯にもなる。

コミュニティ構成員への技・役割の割り振り

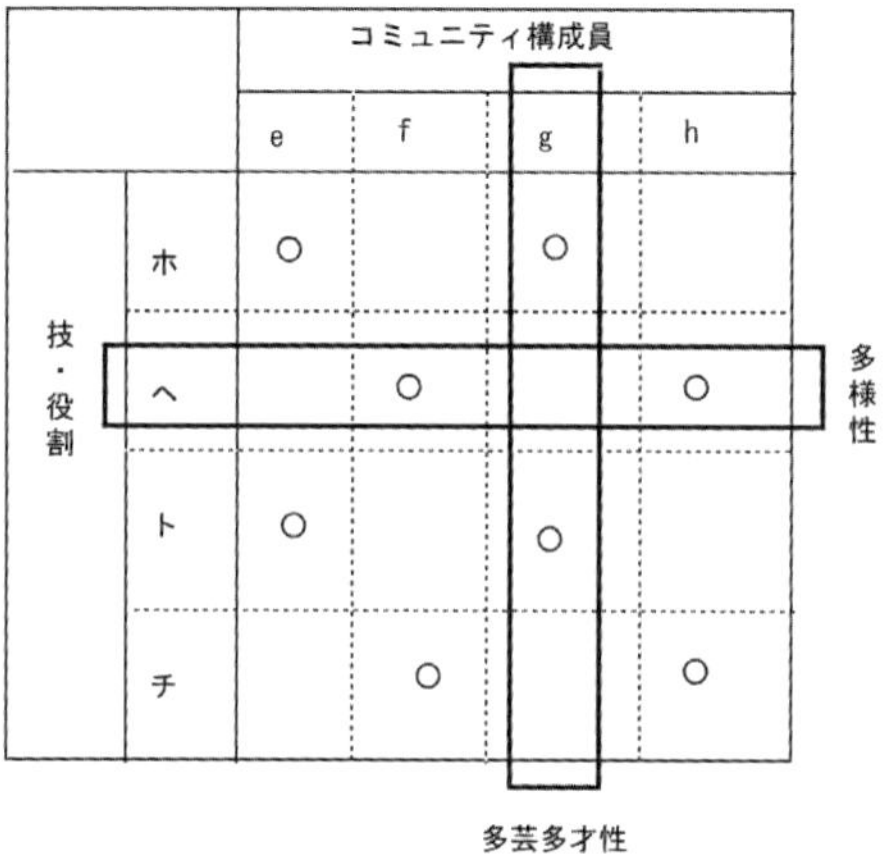

技・役割 ＼ コミュニティ構成員	e	f	g	h
ホ	○		○	
ヘ		○		○
ト	○		○	
チ		○		○

多様性（ヘの行を囲む）　多芸多才性（gの列を囲む）

これが糸芭蕉の〈多用途性〉だ。

他方、資源・素材の〈多様性〉とは、ある用途にさまざまな素材を使うことを意味する。紅露工房で糸をつくるのに、糸芭蕉、生糸、苧麻などさまざまな素材を使うが、これが素材の〈多様性〉の一例になる。

山村・離島における伝統的な資源・素材の利用の仕方は、基本的な用途に使う資源・素材の〈多様性〉が高いとともに、基本的な資源・素材の〈多用途性〉も高いという特徴があったと思われる。そして、基本的な資源・素材の〈多用途性〉が高いと、利用する資源・素材の数はそれ程多くなくても、基本的な用途に使う資源・素材の〈多様性〉を実現できる。

資源・素材の〈多様性〉と〈多用途性〉の関連を、図式化すると図（二二六ページ）のようになるが、住民の技・役割配分の〈多様性〉と〈多芸多才性〉の関連についても、ほぼ同様の図式を描くことができる。山村・離島では、一人一人の住民が、さまざまな役割を果たし、さまざまな技能をもつが、これを〈多芸多才性〉と呼ぶ。例えば、沖縄の男性は三線を弾ける人が多く、男女とも踊りと歌が上手で、女性には機織りができる人が多い。裏を返すと、ある役割、仕事をできる人の〈多様性〉が高いということになる。集落の長、公民館長、婦人部長など役職も、回り持ちで順に就任するようになっていると、多くの人がそうした役割を果たせるようになる。

かつての山村・離島では、地域外から購入する資源や製品にあまり依存せず、地域内の資源・素材をうまく活かして暮らしに必要なモノを自給できる資源・素材利用のシステムをつくりあげていた。こうした自給的システムをもちかつ、資源・素材利用の〈多様性〉と重要な技・役割をもつ人の〈多様性〉をもつコミュニティは、大きな災害や経済危機に遭遇した際に致命的な打撃を受けずに生き延びられるロバストネスと、危機が去ったあとに比較的短い期間で立ち直れるレジリエンスが高かったと考えられる。そして、基本的な資源・素材の〈多用途性〉は資源・素材利用の〈多様性〉を実現しやすくし、技・役割の割り振りの〈多芸多才性〉

は、重要な役割をもつ人の〈多様性〉を促す役割を果たした。

まず、危機的な状況の際に起きる大きな問題のひとつは、地域外からのエネルギーや物資の供給が途絶えてしまうことだが、かつての山村・離島は、地域外からの資源や製品への依存度が低いので、こうした面での影響は小さい。

しかし、台風や津波などに襲われ人的被害が出た場合はどうだろうか。例えば、災害によって、危機に対応するリーダー役の人が怪我をして活動できなくなるといった事態が起きた場合、集落の人たちの〈多芸多才性〉を背景とする、リーダーの役割を果たせる人の〈多様性〉があれば、すぐに代役が危機対応にあたることができる。このような形で、基本的な技・役割をもつ人の〈多様性〉がロバストネスとレジリエンスを高める。

また、気象異変によって農作物に大きな被害が出るといった状況では、どうだろうか。かつての焼畑農耕を営む山村では、きわめて多くの品種の種を播いていた。ひとつの種、例えば粟でも、異なる特性をもつ品種を一緒に播いて、気象異変などによってある品種に生育障害が起きても、他の品種が実るといった形のリスク分散の工夫をしている。これは、資源・素材の〈多様性〉によってロバストネスが高まる例のひとつだ。

しかし、山村・離島が市場経済に組み込まれるとともに、当然、自給的システムは弱体化し、地域外から搬入される製品に依存する度合が高くなっている。それとともに、域内資源利用のシステムも市場経済によって徐々に浸食され、集落から若い人の流出が進むと、コミュニティにおける役割の分担もむずかしくなりがちだ。

けれども、普段の生活では、地域外からの移入品への依存度が高まっていても、古い時代から引き継がれてきた域内資源利用の知恵を子孫に伝えていく仕組みをコミュニティがもっていれば、大きな災害や経済危機の際に、危機的な状況を生き延びるロバストネスや、危機が去った後に、コミュニティの活発な活動を取り戻すためのレジリエンスを高めることができる。

例えば、西表島では、祭りが域内資源利用の知恵を子孫に伝えていく仕組みとして機能している。祭りは、古い時代に集落で暮らした先祖たちを神として迎え、ともに遊ぶ機会なので、祭りの食べものはできるだけ昔から伝わる素材を使い、昔からのやり方で調理する。衣裳も、なるべく、昔から伝わる糸を手織りしたものを使う。

このように、普段の暮らしでは、地域外からの移入品への依存度が高くなっても、地域内資源利用の知恵を子孫に伝えていく仕組みをコミュニティがもっていれば、大きな災害や経済危機への対応力が高める効果をもつ。

今後、各地の山村・離島において、〈自然共生型暮らし・文化再生〉の試みを進めていく上で、大都市とは違った豊かさと創造性を活かすとともに、地域のロバストネスとレジリエンスを高めていくことが重要な目標のひとつとなるが、その際に、ここで検討した資源・素材の〈多様性〉と〈多用途性〉、人々の技と役割の割り振りの〈多様性〉と〈多芸多才性〉という視点が有効な手がかりのひとつとなるだろう。また、地域のレジリエンスは、よりよい域内資源利用システムをつくりあげるための日頃の創意工夫の積み重ねと密接なつながりがある点も、レジリエンス強化を考えるための重要な指針のひとつとなる。

第六章　次世代の紅露工房

由良野の森

石垣昭子さんの由良野の森再訪

二〇一六年八月上旬、石垣昭子さんは、愛媛県上浮穴郡久万高原町の由良野の森で開かれたイベントに招かれた。かつて、西表島で暮らしていた鷲野宏さん・陽子さん夫妻が二〇〇三年に愛媛に戻って、由良野の森の里山再生と染織の環境づくりの活動を重ねてきたのだ。昭子さんは、二〇〇五年に一度、由良野の森を訪ねたことがあったので、十年ちょっとの時を隔てて、この森の再生と鷲野さん夫妻の活動がどのような形で実を結びつつあるかが、楽しみだった。

イベントは三日間にわたり、一日目はドキュメンタリー『島の色　静かな声』の上映と島の暮らしについての昭子さんのトークライブ、二日目は『地球交響曲第五番』の上映と芭蕉の糸づくりと昭子さんのトーク、三日目は、繭の糸ひきと昭子さんのトーク、と盛りだくさんだった。各回三〇～四〇名の手仕事や農産加工などに携わる女性たちが由良野の森のゲストハウスに集まり、昭子さんの話に熱心に耳を傾けた。

「女たちの暮らしには、苦しいこともたくさんあるけれど、糸を紡いだり、機を織ったり、手の仕事をしていると、自然に心が安らぎ、平和になっていく。それが昔から受け継いできた女の手仕事の力なのよ」。そんな語りかけに、みんな涙を流して聴きいっていた。話が終ったあとには、たくさんの女性たちが昭子さんのまわりに集まり、手仕事だけでなく日々の生活の中で抱える悩みについて、昭子さんに話し、助言を求めた。さながら人生相談会のような有り様だった。

この三日間の体験は、昭子さんにとって体力的にはきつかったが、とても感慨深いものだった。由良野の森は植林と手入れの結果、活気のある森になっていた。宏さんが世話をする羊やヤギ、鶏など動物も増えて、にぎやかになった。陽子さんの染織のための環境づくりも、絹、葛、羊毛というように多彩な糸がつくれるようになっている。

中でも、印象的だったのは、暮らしの中の手仕事を大事にするたくさんの女性たちが、陽子さんのまわりに集まり、互いに支え合う横のネットワークができつつあることだった。女性たちのネットワークが、これからの社会をつくっていく大きな力になるに違いないと、昭子さんはつねづね考えてきたからだ。

終末医療から染織へ

鷲野さん夫妻が一歳に満たない長男、天音君を連れて西表島にやってきて、紅露工房を訪ねたのは、一九九九年のことだった。

陽子さんは、ずっと看護師の仕事をしてきてが、身ごもってから、これまでとは違った暮らしをしながら子育てをしたいという想いが募っていた。そのためか、島で暮らす夢を見たりもした。以前から手仕事をしたいと思ったことはあったが、その想いが強くなった。ホスピスに勤めていたときに、看取った患者さんには農民や漁師などが多く、そうした方たちが送ってきた人生の力強さが印象に残り、自分もものづくりに携わり、地に足のついた暮らしをしたいと思うようになっていたのも一因だったかもしれない。そんなときに、巡礼で四国を旅していた辰濃和男さん（朝日新聞で「天声人語」を担当）と会う機会があり、その話をしたところ、それなら西表島の紅露工房を訪ねるといいといって、紹介状を書いてくれたのだった。

それまでアート系の学歴があるわけでもなく、染織をまったく経験したこともなく、しかも一歳未満の乳児を抱えた陽子さんを紅露工房で受け入れてくれるものかどうか、半信半疑だった。ところが、昭子さんに会って、自分の想いを話してみると、意外にも、「明日から工房にくればいい」といってくれた。島では、昔から染織は暮らしの中にあるものなので、小さい子どもを側に置いて機を織ったりするのは当たり前のことだし、染めや織りの遺伝子は女性の中にあるから、経験がなくてもすぐにできるようになるというのだ。

九九年十月、西表の節祭(シチ)の一週間前に、鷲野さん夫妻は長男を連れて、西表島に引越した。石垣金星さん昭子さんが保証人になってくれて町営住宅に入ることができ、村の人たちも、暖かく受け入れてくれた。

西表島では、自然も人間もインパクトが強かった。「倉本聰の『北の国から』のような濃いキャラクターばかりよく揃ったものだ」と宏さんは感じたという。祭りも多くのヤマトの祭りのように形骸化しておらず、海のもの山のもの、食材をとってくるところからはじまる。昔から伝えられてきた、自然への感謝の気持ちが祭りにあらわされていることがよくわかる。祭りでも暮らしでも、自然との関係がいつも中心にある。神々への祈りも、自然への祈願という面をもつ。

宏さんは、宅急便の配達の仕事であちこちまわっているうちに、島のことがだいぶわかるようになった。奥田工芸の奥田武さんが声をかけてくれて、大工仕事を手伝った。また木工組合に入って、木の器をつくったりした。サトウキビを原料にする製糖工場でも働いた。

陽子さんは紅露工房に通って、だんだんに染織の仕事を身につけた。作業の中でも芭蕉の畑の世話や糸づくりがとくに気に入った。昭子さんは「この畑を自分のものだと思って、好きなだけ手入れや糸づくりをするといい」といって芭蕉の仕事を任せてくれた。昭子さんと一緒に過ごして、染織について学んだのはもちろんだが、あとになって振り返ってみると、昭子さんの島での暮らしから学んだことが一番大きかった。自然にさからわず、自然と上手につきあうことが中心にある暮らし、そういう暮らしと一体になった手仕事のあり方だ。

鷲野さん夫妻の西表島での暮しが三年半ほどになった二〇〇三年三月、ふたたび大きな転機がやってきた。愛媛に住んでいたときに交際があった光明クリニック（松山市）院長の清水秀明先生から、久万（現・久万高原町）の由良野の森を手に入れたので、管理人として住んでくれないか、という誘いがあったのだ。そして、清水先生の奥さんの美保子さん、甲斐義孝さん（漆器づくり）と奥さんの芳子さんの三人が、西表島の鷲野夫妻を訪ねてきた。昭子さんも三人に会って話を聞き、もてなしてくれた。

清水先生からの話がきたとき、陽子さんは次男を身ごもって、このまま島での暮らしを続けるかどうか迷っていて、宏さんとじっくり話をした結果、愛媛に戻ろうという気持ちになっていた。昭子さんも「自分のシマ（故郷）も大切にして」といってくれた。

放牧ではなく放人

清水先生が森を手に入れたいと思うようになったきっかけは、たまたまテレビで、里山に放された牛が樹木の間から顔を出している光景が映り、牛の表情がとても幸福そうに見えたことだった。そして、「放牧ではなく放人」というイメージが思い浮かび、「あっ、これだ」と思ったという（『由良野の森』創風者出版、二〇〇八年）。清水さんは長年、医者としての仕事を続けながら、「生きるとは何か、死ぬとは」など、さまざまな問題について考えてきた。高齢化社会とともに介護事業への関心も高くなっていたが、それは、ぜひ自分がやらなくてはいけない分野ではないのではないか。本当に人々の幸福につながり、自分らしいテーマは何だろうかと、考え続けてきた。そんなときに、樹間から顔を出した牛に出逢ったのだ。

「放人」――子どもも大人も、さまざまな束縛から自由にのびのびと時間を過ごすことができる森ができたら、自分にとって人々にとって、何が本当の幸福かを感じ、考えられる人が育つきっかけになるのではないか。

清水先生のこうした着想から出発して、土地探しがはじまった。そして、売りに出ていた久万高原二名の三町歩半（約三・五ヘクタール）の土地を買うことができた。

その後、隣接する土地も購入することになり、その資金を提供してもらうために五年間無利子無担保の「ゆらの債」を発行することになり、七名の方たちがこれを購入してくれた。その結果、清水先生の構想を具体化する舞台となる由良野の森は、約十二町歩（約十二ヘクタール）になった。

由良野は戦後開拓団が入ったところで、八組の家族が入植し、大きな木を伐採し桑を植えて、主に養蚕を営んでいた。しかし養蚕業の衰退とともに、入植した家族は次々に由良野から去っていってしまい、人気のない寂しい森が残っていた。

清水先生が構想するように、人々が集まってくるような森にしていくには、放置されて荒れつつある森の手入れが必要だ。幸いなことに、こうした仕事をお願いするのに適任の方と出逢うことができた。内子町小田に在住で、深山の動物、植物の研究を続け、自然林保護のために熱心に活動してきた山本栄治さんだ。甲斐さん夫妻の長年の友人で、清水先生が甲斐さんを訪ねたときにたまたま一緒になった。由良野の森のことを話して、共生林づくりの仕事をお願いしたところ、快諾してくれた。

山本さんは、由良野の森をよく調べて、番地ごとに、どんな状態にありどんな手入れが望ましいかを検討した。森は、桑栽培放棄地、スギ・ヒノキの人工林、雑木林、カラマツ林などからなる。桑栽培放棄地は、桑がまとまって残っているところは、桑群落として残し、ササ・クズなどとの混生状態になっているところは、伐採して開墾し、エノキ、ヤマザクラ、イロハモミジなどを植林した。エノキは成長の早い広葉樹で、オオムラサキなどの昆虫が好み、秋には実が鳥類の餌となる。ヤマザクラには花の蜜を集めに昆虫が集まる。イロハモミジも紅葉が美しいだけでなく、開花の時期に蜜や花粉を食べに昆虫がやってくる（『由良野の森』一一六ページ）。

また、桑栽培放棄地の一部は、開墾して、二〇〇三年、〇四年に地元の人たちに参加してもらって、コナラ、クヌギ、アラカシの苗を植えた。雑木林を育成し、動植物の調査などができるようにするためだ。コナラ・クヌギは昆虫が生息する場所になるだけでなく、除伐・間伐しながらシイタケを栽培し、また薪ストーブの燃料に利用することができる。

建物の敷地を整地するときに、水が浸み出している水たまりがあったので、土を掘って池にした。生物が生息する水辺の環境をつくるためだ。時が経過するとともに、ここで、カエル類が繁殖するようになっている。

山本さんのように、自然保護の視点から山林に関わってきた人の視点から見ると、由良野の森の手入れは、「里山の再生」といわれる活動にあたる。

生態学者や生物学者、自然保護活動をする人たちの間で、「里山」という言葉が重要な意味をもつようになったのは、里山の生態系が失われ、身近でごく当たり前だった昆虫や植物が絶滅危惧種になりはじめてからだった。もともと里山は、田畑と一体をなす農家にとって不可欠な環境だった。しかし、石油や都市ガスの普及とともに炭焼きが衰退し、化学肥料が一般化して、里山の落葉などから堆肥をつくる農家が減って、里山に人手が入らなくなり、それとともに里山の生態系が変化してしまった。つまり、里山という適度に人手が加えられる環境に、多様な動植物が棲み続けてきたのだ。そうした里山の喪失は、大事な生態系のひとつが消えることを意味する。

田畑と一体となった里山という形での里山の活用を取り戻すことが難しいとすれば、里山の生態系を維持するためには、新たな形で里山を利用し、手入れを続けていく工夫が必要になる。そこで、地域の住民グループが山の所有者に提案し、住民ボランティアが雑木林の間伐を行い、炭焼きや薪づくりを行うといった活動が試みられている。

由良野の森の活動も、大きな文脈でみると、そうした流れの中にあるといってもいいだろう。つまり、里山を農地と一体となった生産活動のための環境として利用するのではなく、里山の生き生きとした生態系を回復し維持していくために、新たな形で里山の活用の仕方を工夫する試みだ。

清水先生のいう「放人」――子どもや大人が、さまざまな束縛から解放されてのびのびと時間を過ごすことができる森づくりという着想は、こうした「里山の再生」という考え方と無理なく重ねることができる。

こうして、「由良野の森――人と自然の共生の場」という基本的な考え方ができてきたのだろう。

森の管理人

二〇〇三年の夏、鷲野さん夫妻は、西表島を後にして久万高原町に戻ってきた。陽子さんは臨月で大きなお腹をしていた。そして、九月に次男が無事に生まれた。

宏さんは「由良野を人が集う場所にしたい」という清水先生の話を聞いて、「これは大変なことになった」と感じた。「森の管理人」の仕事と聞いて、西表島にいるときにもっていたイメージは、西表の自然林のように森を復元し、人が入り荒らさないようにすることだったからだ。清水先生からいわれたのは「鷲野さんが生活をしながら、人と自然が共生する場、人が集う場にしてほしい。そしてまず、拠点になる建物を建ててほしい。すべては鷲野さんにまかせます。可能な限りのサポートをします。」(『由良野の森』四三ページ)ということだった。つまり、具体的なのは拠点となるゲストハウスをまずつくるという点だけで、由良野の森で何をやるのか、具体的なイメージはまだ何もなかったのだった。

清水先生の考え方は、最初から詳細なプランなどは必要なく、核心だけを決めて、後は各ステップで具体的にすべきことを決めていけばいいというものなのだろう。おのずから出逢うべきものが出逢うということが重なって、動植物どうしのつながり、人と自然とのつながり、人と人のつながりも、だんだんに豊かなものになっていけばいい。(清水先生の哲学は、第四、五章で触れたC・アレグザンダーの生成的プロセスという考え方とよく似ている。)こういった清水先生独特の哲学に、宏さんは徐々になじむようになっていったが、最初はひどく当惑した。

とにかくまずゲストハウスからということだったので、宏さんは、世界のさまざまな風土のさまざまな建物について本や写真を調べまくり、由良野の森にはどんな建物が合うかを深く考えた。その結果、たどりついたのは、「家を建てるには、その土地に一番たくさんある材料で建てるのがいい」という原則だった。久万高原には、スギがふんだんにあったので、主にスギを使うことにした。本来なら、由良野の森のスギを使いたいところだったが、あいにく適当なスギはなかったので、地元の既製品のスギ材を使うことにした。

宏さんにとって、かつてテレビで見ていたアメリカの西部開拓時代を舞台にした「大草原の小さな家」のインガルス家の父親チャールズが憧れの人物だった。チャールズのように、手近な材料で何でも自分でつくれる頼もしい父親になりたかった。そんなこともあって、陽子さんと結婚してから、いつか自分の手で家を建てようと話していて、よく大工の勝本孝志さんの仕事を見せてもらっていた。西表島に移住してからも、奥田さんの仕事を手伝い、大工仕事を習っていた。しかし、ゲストハウスと管理棟を設計し建てるという仕事を自分だけでやることは、できなかった。

そこで、基礎と外観設計を大興建設の大西国興さんにお願いし、勝本さんに協力してもらいながら、宏さんが大工仕事をすることにした。外壁や床の塗料には健康に害のないドイツ・リボス社製の食品基準の溶液のものを使った。清水先生にも塗装を手伝ってもらったが、不快な臭いのないものなので感心していた。

ゲストハウスは二階建てで、一階は普段は広い食堂として使い、イベントの際には、かなりの数の人が入れるミニ・ホールとして使えるようになっている。二階は、遠方から来た客が宿泊できるスペース。一階には、木のテーブルが三つあり、楓、塩路、栗の木とそれぞれ違う素材でできている。このテーブルは、甲斐義孝さんの子息の義裕さんがお父さんと一緒につくってくれた。

二〇〇五年四月にはゲストハウスがほぼ完成し、奈良裕之さんの世界の民族楽器のコンサートが開かれた。

由良野の森でさまざまな活動を行うため、清水先生が代表となって「ゆらの」という会をつくった。鷲野宏さんが事務局。理事は、甲斐義孝さん、芳子さん、清水美保子さん、鷲野陽子さん。共生林担当は山本栄治さんとなっている。

ゲストハウスと森を使うさまざまなイベントを企画し、「自然と人の共生の場」という「ゆらの」の趣旨を感じとってもらい、活動に賛同する会員をだんだんに増やしていこう、ということになった。

定期的なプログラムのひとつは、山本栄治さんが担当する「こども森林博士講座」だった。「ゆらの」会員と地元住民で植林したコナラの苗は一ｍほどだが、二年目から成長して自分たちの身長より高くなる。こうした木の成長を子どもたちに調べてもらう。大きな木についていは、胸高直径を測る体験学習をする。よく観察して工夫をして、木を育てることの面白さを感じとってもらう。また、枝打ちなども体験させる。隣接する木の成長を考えながらどの枝をどれだけ落とすかを考えるようにする。もっとも、この講座は終了して、最近は緑の多い季節に自然観察会を開くようになっている。

毎年、春には、シイタケのホダ木の菌打ちも体験してもらう。ツリークライミングのプログラム（ツリークライミング協会の資格をもつ人が指導）もある。

由良野の森では、宏さんが、羊、ヤギ、鶏を飼うようになって、にぎやかになった。四月には、羊の毛刈り体験のイベントを行うようになっている。ゲストハウスでは、ミニ・コンサートがよく開かれているが、さまざまな講師を呼んで「人間学講座」というのも開催された。

コンサートや自然観察会などがあり、親子で由良野の森にやってくると、二時間くらいのイベントのあと、子どもたちは自由に遊ぶ。走り回ったり、オタマジャクシを捕まえたり、木の枝からつり下げたブランコに乗ったり、ツリーハウスに行ったり、子どもたちにとって、楽しいことがたくさんある。それを見て、親たちも嬉しくなる。そういう感じが口コミで伝わっていき、「ゆらの」の会員がだんだんに増え、約一六〇人になっている。もっとも、年会費三千円なので、由良野の森を維持していく費用の一部にしかならない。会員は、久万高原町の人もいるが、松山市とその周辺の家族が多い。

染織の仕事の環境づくり

陽子さんが西表から愛媛に戻ってきたときは臨月で、二〇〇三年九月に次男が産まれた。それからしばらくは、染織の環境づくりにとりかかる余裕はなかった。ゲストハウスが完成した二〇〇五年六月に、愛・地球博に招かれて名古屋にやってきた帰りに、昭子さんが由良野の森を訪ねてくれた。陽子さんが森を案内すると、昭子さんは「こんなに桑があるんだったら蚕を飼いなさい」とか「葛もたくさんあるから葛の糸を採るといい」とか助言をしてくれた。

昭子さんの助言がひとつのきっかけになって、次男が二歳になった頃から、由良野の森に残された古い建物を自分の工房にし、染織の環境づくりをだんだんに進めていこうと、陽子さんは思うようになった。

葛の糸づくりは、紅露工房で経験していなかった。二〇〇五年八月ころから、陽子さんは文献を調べて、葛糸づくりに挑戦するようになった。葛の根からとれる澱粉からは、葛湯や葛餅がつくられる。根を乾燥させた葛根(かっこん)は漢方薬に使われる。こうしたことからも、葛が古くから珍重されてきたことがわかる。蔓の繊維を糸にした葛布も古代から織られていたらしい。しかし、葛布は静岡県掛川で産品として残っているくらいで、継承するところがほとんどなくなっている。

葛の糸づくりは、芭蕉や苧麻と比べると、手間がかかる。繊維をとりだす前に、蔓を発酵させる必要があるからだ。刈り取った葛の蔓を大鍋で煮てから川にさらす。その後、ススキ、ヨモギなどの青草でつくった室（むろ）に入れて発酵させる。表皮がヌルッとしてきたら、川にもっていって、表皮と芯を洗い落として、繊維の部分を取り出す。その後の糸績みは、芭蕉や苧麻とほぼ同じだ。こうした作業で糸ができたが、硬い部分があり不満が残った。

そんなときに昭子さんから、沖縄本島の南風原（ハエバル）で開かれる素材展にぜひ来るようにという誘いがあった。葛布に詳しい人も参加するということだった。陽子さんはこの素材展に出かけて、静岡県大井川の葛布について学ぶことができた。この研修で、陽子さんが試みた葛糸づくりのどこに問題があったかがわかった。葛を刈る作業の時期が遅すぎたのだ。

そこで、翌年、時期を早めて同じ作業をやってみたところ、今度は見事な葛糸ができた。葛糸は、苧麻に比べて光沢があり、芭蕉と苧麻の中間のような感じの美しい糸だ。しかし、乾燥すると切れてしまうので、湿気を与えながら作業をする必要がある。

由良野の森では、養蚕がさかんに営まれていたわけだが、陽子さんが手がけようとしたときには、周囲には養蚕農家はまったくなくなっていた。そのため、県の農業普及センターの指導員も中予の担当者がいなくなっていたので、南予の菊池さんを紹介してもらった。菊池さんのおかげで、由良野の森での養蚕をはじめられた。養蚕の道具は、最後まで養蚕を続けた父野川の宮崎さんから一式を借りることができた。

陽子さんの天月工房の養蚕は、産業としての養蚕を復活しようということではなく、ワークショップなどで使う分の繭を育てるごく小規模なものだ。養蚕農家だと蚕を何十万頭も飼うが、工房では五千頭くらいだ。かつて養蚕をやっていたお年寄りが懐かしがって手伝ってくれる。繭をつくる前の五齢になると桑をたくさん食べるので忙しくなる。

羊毛も、まったく経験がなかったので、試行錯誤を重ねて、納得のいくやり方を見つけ出した。羊の毛を刈る作業は、最初、バリカンで刈るやり方を試してみた。しかし、バリカンを使うと羊が怖がるので、みんなで押さえつけなければならず、人間にとっても羊にとってもストレスが大きいことがわかった。そこで翌年からは、普通のハサミを使って刈ることにした。これだと、羊は安心して眠ってしまう。

羊毛を洗う作業、糸車での糸紡ぎについても、いろいろ試しているうちに、腑に落ちるやり方にたどりついた。

植物染色については、藍染めのほか、さまざまな植物で試してみた。その結果、由良野の森の環境で基本的な染料植物といえるのは、アカネ、ヨモギ、キハダ、ビワ、カヤや栗だろうということがわかった。

アカネについては、由良野の森に自生することを山本栄治さんが見つけ、「おとなのための森林講座」で、ＮＰＯ法人愛媛生態系保全管理のメンバー藤原陽一郎さんに頼んで染色の指導をしてもらった。アカネの根を酢につけると緋色になる。椿、榊、茶の葉を燃やした灰を媒染剤にして、鮮やかに発色させる。

ヨモギは黄色の染料ができ、春から夏のヨモギを使うときれいに染まる。キハダは、木の幹の内皮が鮮やかな黄色になっている。樹皮は「オウバク」と呼ばれ、抗菌作用をもつ生薬として知られ、黄色の染料になる。ビワの葉を煮ると、薄い赤紫の染液ができる。ビワの葉も、抗菌性など機能がある。カヤも刻んで煮出せば、糸や布を黄色に染めることができる。栗はイガ、渋皮、鬼皮でそれぞれに違う色に染まる。

手仕事を通じて拡がる女性のネットワーク

陽子さんが独特なのは、こうした染織の環境をベースにして、さまざまな学びの場、共働の場をつくるコーディネーターとしての役割を多面的に果たしているところだ。

学びの場のひとつは、幼稚園、小中学校、婦人会など地域住民グループでの藍染め体験ワークショップだ。さまざまな形があるが中学生の場合には、地域学習、総合学習の時間なので、充実した内容にできる。一回二〜四時間を八回のプログラムで、参加者は十五人くらいだ。工房で藍を育てるところから、刈取り、藍建て、学校では染色の一連のプロセスを体験してもらう。陽子さんが絹、木綿、化繊などさまざまな布を準備して、絣（かすり）のくくり方を教えて、あとは好きなように染めてもらう。染め上がった布で服をつくり、最後に文化祭のときにファッション・ショーを開く。文化祭までのプロセスには東京女子美大愛媛県支部長の鴻野先生も関わってくださる。

葛合宿は、葛の糸づくりと織に関心がある大人を対象とした本格的な学びの場だ。二泊三日で、参加費五万八千円。必要なことをきちんと習得できるコースになっている。陽子さんが自らテキストブックをつくった。自然農法を営む友人たちが食事を担当してくれるので、葛づくしのメニューだ。二〇一六年には六人が参加し、関東など遠方から来た人もいた。

羊毛を使った学びの場には、フェルトのワークショップがある。「ゆらの」会員のフェルト作家に、由良野の森の羊の毛を使って、フェルトのルーム・スリッパをつくる指導をしてもらっている。

また、生糸など糸づくりのワークショップも好評だ。生糸は、座繰り器を使って繭から糸を引き出すプロセスを体験してもらう。天月工房で育てた繭はほとんどワークショップに使っている。一回の参加者は一〇〜二〇人くらいだ。

キャリア・ウーマン的な人の参加も目立つようになっている。男性中心の競争社会で競い合うのに疲れた女性たちが生糸に触れると、昭子さんがいうように女性の手仕事の遺伝子にスイッチが入るのかもしれない。

天月工房は、さまざまな技や関心をもつ女性たちが、自分の得意技を活かして協力しあう共働の場になっている。さまざまな染料で染めた糸のストックがたくさんあるが、陽子さん自身は織る時間をなかなかとることができない。何台かの機があって、織りたい人は、時間の空いたときにいつでも工房に来て織っていいことになっている。陽子さんが工房にいるときには、おしゃべりにやってくる人も多い。レストランを開いているとか、自然農法をやっているとか、服づくりが好きとか、みんなそれぞれの得意技があるので、工房は、その交換の場にもなるし、何かと何かがつながって企画が生まれる場にもなる。

例えば、真砂三千代さんに紹介してもらったところからオーガニックコットンを仕入れて、女性の布ナプキンをつくる仕事がある。これは、子育て世代のお母さんたちの活躍の場をつくる起業をしているHanafuという会社と共働する形へと発展している。Hanafuの社員研修では、森に一泊して子どもたちも一緒に布を草木染めする。子育て真っ最中の女性たちに、非日常の体験が人気で、手仕事に触れる機会になっている。

このように、陽子さんは、由良野の森につくった染織の環境を活かして、さまざまな形で手仕事を体験する機会をつくり、好奇心を刺激し、手仕事を暮らしのひとつの拠り所とする人を育てていくことをめざしている。西表で昭子さんから学んだ、暮らしと一体となった染織のあり方をしっかりと伝えられる場所に、天月工房をしていきたいと、陽子さんは考えている。

陽子さんの活動の特徴は、染織の環境をベースにしながら、女性の横のネットワークを重層的につくり出す要になっている点にある。こうした特質は、昭子さんの一面を引き継いでいるということができるだろう。昭子さんも、竹富町の婦人部の活動をはじめ、女性の横のネットワークづくりに、積極的な役割を果たしてきたからだ。

森で育った人間界の若木

由良野の森での活動がはじまってから十年以上が経ち、はじめの頃、森で遊びまわったり、「こども森林博士講座」に参加した子どもたちも、大学生になる年齢になっている。清水先生の「放人」ができる森をつくれたら——という構想からはじまった「自然と人が共生する場」づくりを通じて、人間界でもたくさんのよい若木が育っているようだ。

丸山智士（さとし）君は、由良野の森が好きでよくやって来て、鷲野家に泊まっていくこともあった。学校の枠からはみ出しがちで、厄介者扱いされてしまうこともある子だった。しかし、山本栄治さんの「こども森林博士講座」をきっかけに森林とそこに棲む生きものに興味をもつようになり、講座に三〇回以上参加した。そして県立上浮穴高校森林環境科三年のときには、環境問題についての意見発表で、「本物の森林博士」になりたいと書くようになった。山本さんの「自然は人のためにあるものではなく、ただ偶然そこにあるものであって、人はその環の中にいるのです」という言葉を噛みしめながら、自然と人がともに生きていける未来をつくることをめざそうとしている。

鷲野さん夫妻の長男、天音君は、一歳から五歳まで西表島で育ち、すっかり島の子になっていた。愛媛に帰ってからも、「島に戻りたい」としきりにいって両親を困らせた。

その後、由良野の森で育ち、エネルギーや環境問題に強い関心をもつアクティブな若者として成長しつつある。

小学校五年生のときに、愛媛県西宇和郡の伊方原発がプルトニウムＭＯＸ燃料を使うことを知って、「ウランやプルトニウムも原爆の材料じゃないか。すごく危険だ」といいはじめた。宏さんが「大人たちは県議会で伊方原発を受け入れることを決めてしまっている」と説明すると、「僕は知らなかった」といって天音君は自分で署名を集めて県に請願を出すという行動をとった。請願が不採択になった後は、代替エネルギーを調べ九州の地熱発電所に行き、九州大学の江原先生にも話を聞いて地熱発電啓発活動をした。

そして、天音君が中学一年生のときに、東日本大震災と福島原発の事故が起きてしまった。当然のことながら、天音君は、ますますエネルギーや環境の問題について真剣に調べるようになっていった。高校時代には、イギリスに短期留学をしたりして視野が広がった。刺激し合えるよい仲間とも出逢い、全国高校生未来サミットを開催した。エネルギーや環境の問題だけでなく、貧困問題とか富の集中とか、さまざまな問題のつながりを考えるためには、勉強しなくてはならないことがたくさんある、というようになっている。

自給的暮らし＋諸文化の橋渡し

沖縄の糸芭蕉文化とフィリピンのアバカ文化

紅露工房で国際的なワークショップがはじめて開かれたのは、一九九六年のことだった。国際交流基金アジア・センターの支援を受けて、今井俊博さんのプロデュースでアジアの手仕事の交流事業が東京、京都、沖縄で開催され、その最後のプログラムが西表島と石垣島でのワークショップだった。昭子さんは経験のないことだったので受け入れることに最初は消極的だったが、千秋さんと三千代さんの強い勧めと支援もあって、紅露工房でのワークショップが実現した。

インドネシアからはビンハウスのロニーさん、カンボジアからはクメール伝統織物研究所を設立したばかりの森本喜久男さんが参加した。そのほか、海外からはインド、タイ、ラオスの染織・服づくりの現場で活躍している人たちが西表にやってきた。芭蕉の糸づくりと紅露などの染色のワークショップは、異なる環境で染織・服づくりの仕事をする人たちにとってきわめて刺激的で、参加者たちにとっても、金星さん、昭子さんにとっても素晴らしい経験となった。

このワークショップのあと、成果や反省点などについて主催者側との話し合いの際に金星さんから問題点のひとつとして、参加者にフィリピンと台湾が入っていなかったことが指摘された。つまり、八重山の染織文化の形成過程を考えると、フィリピンと台湾との交流がとくに重要だからだ。その指摘を受けて、同じ年の年末にやはりアジア・センターの支援で、フィリピン、台湾の手仕事の調査旅行が実現し、金星さんも参加した。

この調査のテーマのひとつは、沖縄の糸芭蕉文化とフィリピンのアバカ文化の関係を解明する手かがりを見つけることだった。アバカはマニラ麻としてさまざまな用途に使われているが、衣料用の繊維素材として伝統的に重要な役割を果たしてきた。

山地の先住民族の間では、アバカの太い糸を使って織った布が儀礼的に高い価値をもっている。それとは別に、アバカから採った細い糸で織ったしなやかな布の文化がある。後者の文化は、沖縄の糸芭蕉の文化と共通点が多く、糸芭蕉の織物はアバカ文化との交流の中から生まれてきたのではないかとも考えられる。

アバカ(Musa texitilis)とリュウキュウイトバショウ(Musa liukiuensis Mak./Musa balbisiana Colla)は、同じバショウ科バショウ属の植物だが、異なる種であることがわかっている。沖縄の糸芭蕉文化がフィリピンのアバカ文化との交流の中から生まれてきたのだとすると、なぜ、沖縄ではアバカと異なる種の糸芭蕉が、布の繊維素材として定着することになったのかということも大きな問題となる。

こうした問題意識から、調査旅行では、ピーニャの産地として知られるフィリピンのパナイ島アクランが訪問先のひとつとなった。パイナップルの葉の繊維からつくるとても細い糸を織ったピーニャはフィリピンの代表的な産品のひとつだが、このピーニャの織物はアバカ文化を土台として生まれてきたと考えられるのだ。ピーニャの繊維をとるパイナップルは、食用のパイナップルと違って実が小さく葉の部分が大きくなる。食用に品種改良が進む以前のパイナップルだと思われる。スペイン人が南米から船で運んできたパイナップルを栽培するうちに、パナイ島の住民が、試しに葉から繊維をとって糸をつくってみたのではないかといわれている。もともとアバカの細い糸から布を織る文化があったからこそ、パイナップルの葉の繊維から糸をつくるという着想が出てきたという理解だ。

調査旅行では、パナイ島のアバカの織物については具体的に調べることができなかったが、ピーニャの糸づくりや織りに携わる人たちは、アバカの糸づくりや織りも、ピーニャとほぼ同じ技術だと見なしていることを確認できた。

フィリピン・パナイ島での染織ワークショップ

この調査を通じて、金星さんはフィリピンのアバカ／ピーニャ文化と沖縄の糸芭蕉文化の密接な関係を実感でき、昭子さんも調査のまとめの議論に参加して、この関係に強い関心をもった。しかし、その後、こうした関係を踏まえた交流事業が具体化することはなかった。ところが、最近になって、思いがけない進展が起きた。

フィリピンに住まいをもつ伊藤徹さんが紅露工房に訪ねてくるようになって、昭子さんのアバカ／ピーニャへの関心を知って、伊藤さんがパナイ島でのワークショップ開催を企画したのだ。

伊藤さんは日本輸出入銀行（現：国際協力銀行）とアジア開発銀行で、開発エコノミストとしての仕事に携わってきた。銀行を辞めたあと、フィリピン大学で教職に就いた。ここ数年は、自由な立場で、アグロエコロジーという視点からのフィールドワークを各地で行っている。紅露工房を最初に訪ねたのは、金星さんの稲作に関心をもってのことだった。しかし、西表の自然のリズムと歩みをともにする金星さん、昭子さんの仕事と暮らしに触れて、紅露工房の日々の営みに心惹かれるようになった。

伊藤さんは、開発エコノミストとして、プロジェクトの成果や経済業績を計測する仕事に携わってきた。ここ数年は、とくに、「暮らしの豊かさ」の指標化に向けた国際機関や各国政府の取り組みに注目し、幸福度指標やその持続可能性を測るための指標などについても大学院での授業のテーマとして取り上げてきた。そういった取り組みでは、豊かさや幸福度は、まずいくつかの側面についての指標に分解され、その指標群がひとつの共通単位に換算され統合されて、最終的に総合指標として示される。しかし、紅露工房には、そういった指標では測れない豊かさが満ちあふれている。交流するさまざまな生命、そこに流れるゆったりとした空気と時間、そして美しい景観と美しい布。金星さんと昭子さんは、そうした全体としての豊かさのイメージを自分たちでしっかりとつかみ、伝える言葉をもっている。今後の自らの仕事と暮らしのあり方を探っていく上で、紅露工房は重要な拠り所のひとつとなると、伊藤さんは感じた。

昭子さんが、フィリピンのアバカとピーニャに強い関心をもっているのを知って、伊藤さんは、二〇一六年六月に、パナイ島のアクラン州やミンダナオ島に、アバカなどの生産状況を調べに出かけた。そして、アクランでピーニャの仕事に携わる人たちとの交流が深まるとともに、西表島とパナイ島を結ぶワークショップを開催できないかという想いをもつようになった。

　そのきっかけのひとつは、ピーニャ関係の事業を手広く経営するIさんという女性と出逢ったことだった。Iさんは、フィリピンのアバカ／ピーニャ文化と関係の深い沖縄の糸芭蕉文化や藍染めに強い関心をもってくれた。さらに、Iさんに紹介されたC君という二〇歳代の若者に会って、大きな可能性を感じた。C君はピーニャの畑仕事から糸づくり、織り、染色まで全行程を楽しんでいる様子で、アクランのピーニャ産業の伝統を守りつつ新しい方向を模索しようとしているようだった。

　伊藤さんは、これまで大きな金額をかけて、地元の人たちにとって不必要な施設や設備が残るだけの支援プロジェクトをたくさん見てきたので、そうしたものとは対照的な地道な交流事業を実現してみたかった。各々が手弁当で参加し、各参加者がその後の活動に活かせる経験、技や問題意識を得られるような事業だ。

　二〇一六年十一月に、節祭のときに西表島を訪れた際に、パナイ島アクランでの染織ワークショップを開くという構想について、伊藤さんは金星さん、昭子さんと相談した。その結果、紅露工房の研修生だった櫛原織江さんに、研修が終わったあとで、パナイ島に出かけてもらい、紅露工房の染織を伝えてもらうことになった。

こうした経緯で、染織ワークショップの企画が具体化に向けて動きはじめた。

金星さん、昭子さんは、沖縄の糸芭蕉文化とフィリピンのアバカ文化の関連に強い関心をもっているわけだが、伊藤さんが調べた結果、パナイ島などで知られているアバカとは異なるバショウ科バショウ属の品種で、沖縄の糸芭蕉に近い性質のものがあることがわかった。ここでは、仮に「糸芭蕉の親戚」と呼ぶことにする。この糸芭蕉の親戚から紅露工房のやり方で糸を採って、織物を織ってみることをワークショップのテーマのひとつにした。

もうひとつのテーマとして、インド藍による藍染めを選んだ。パナイ島では、インド藍を栽培しているところがあるのだが、採集されたインド藍は粉末に加工し、この粉末を使った藍染めが行われていて、沖縄のように泥藍をつくり自然発酵させて染液をつくる藍建ては知られていない。そこで、紅露工房のやり方で、藍を建てて、ピーニャを染めてみることにした。

紅露工房での研修を終えた櫛原織江さんは、ワークショップ開催のために、二〇一七年四月下旬にパナイ島のアクランにでかけた。伊藤さんとIさん、C君のほか、アバカの糸づくりにも携わる農民や農業や素材づくりを支援するNGOのメンバーなどが参加者だった。

最初は段取りが悪く、ややもどかしかったが、作業はだんだんに軌道に乗り、植物や自然素材を扱う仕事を通じて、みんなの心が通じ合うようになっていった。最終的には、素晴らしい芭蕉の織とピーニャの藍染めが出来上がった。

糸芭蕉の親戚からつくった糸は、糸芭蕉に比べるとやや硬いがいい糸ができた。この糸で織った芭蕉の織は、紅露工房で織るものに比べてややしなやかさに欠けるが、とても美しく仕上がった。一本一本の糸の光沢が微妙に異なるためか、光が複雑に反射して虹のような色合いに見える。Iさんも、「これはパナイ島アクランにとって、歴史的なブレークスルーだ」とフェイスブックに書いてくれた。

ピーニャの藍染めも素晴らしい出来栄えだった。ピーニャの糸はハリがあり糸芭蕉よりも細いので、藍染めにすると、独特の風合いの布になる。

ワークショップが成功した要因のひとつは、それぞれの参加者が持ち寄ったさまざまな技術や資質の相乗作用が起きたことだった。伊藤さんとIさんの企画・コーディネート力。地元の人たちがすぐ心を開いてくれる織江さんのさわやかなキャラクター。野生バナナの確保に奔走してくれ、アバカの経験を活かして、数日でたくさんの糸を績んでくれた二人の村人。ワークショップに使うインド藍の確保に尽力してくれたＮＧＯのメンバー。ワークショップ終了後、藍の世話をしてくれることになったC君。

今回のワークショップで試すことができた糸芭蕉の親戚の織や藍建てが、パナイ島でどう活かされるかは今後の課題ということになる。どのような展開が出てくるのか、伊藤さんも織江さんも時間をかけて見守っていくことになるだろう。

織江さんは、日本に戻るとすぐ、西表島の金星さん、昭子さんに電話をして、ワークショップがうまくいったことを報告したところ、二人はとても喜んでくれた。

自給的暮らしを学びに紅露工房大学院へ

織江さんにとっては、紅露工房での研修は大学院での研究にあたるものだったという。そこで、パナイ島でのワークショップは、二年間の「紅露工房 - 大学院」を終えてから、自分なりの暮らしと仕事のスタイルをつくるための、最初の一歩だった。

織江さんがめざす暮らしと仕事のスタイルは、短くいうと「自給的な暮らし + 諸文化の橋渡し」といった感じになるだろう。地元の山梨で、古民家を借りて自給的な暮らしの拠点をつくるとともに、世界の各地に出かけて、自然素材と手仕事を通じて、諸文化の橋渡しの仕事をするといったイメージだ。パナイ島でのワークショップは、「諸文化の橋渡し」の最初の試みということになる。

織江さんが選んだ進路は、美術大学の卒業生としてはかなり異色で、思い切った決断といえる。こういう選択がどうやって生まれてきたのだろうか。


織江さんのこうした問題意識が育まれる大きなきっかけは、二〇一一年三月の東日本大震災と福島の原発事故の発生だった。多摩美術大学に合格して、入学するすぐ前のことだった。それまでは大量生産・大量消費をともなう現代的な生活にそれほど疑問を感じていなかったが、地震と津波が太平洋岸の町や村を破壊する様子や原発事故が住み慣れた故郷を奪ってしまうのを見て、現代的な生活の脆さ、危うさを強く感じた。

大学に入ってからも、大量のエネルギーを消費し、海外から輸入した資源に依存する現代的な生活をどうやって変えていけるのかという問題に強い関心をもつことになった。そうした流れで、『地球にやさしい生活（原題 No Impact Man）』というドキュメンタリー映画の上映に関わったりもした。この映画は、ニューヨークに住むコリン・ビーバンと家族が、一年間徹底してエコロジカルな生活に挑戦した実験を記録したものだ。

食品は四百ｋｍ以内でつくられたものだけを食べる。果物や野菜を自分たちで栽培する。食品の屑などはゴミ収拾に出さずに堆肥化する。タクシーや地下鉄は使わずに自転車とスクーターを使う。電力会社からの電力購入はやめるが、ブログで発信するパソコンが使えなくなっては困るので、ソーラーパネルを屋上に置いて発電する、といった具合だ。

いろいろ不便なことが起きるが、かぎられた条件のもとで生活を楽しむために、工夫を凝らすことになり、思わぬ発見も生まれてくる。

織江さんの問題意識を育む上で、もうひとつの大きな柱となっているのは、縄文文化への関心だ。父上が考古学者なので、小さい頃から、縄文遺跡や土器、土偶などをたくさん見る機会があり、縄文人の暮らしについてもよく話を聞いていた。

そして、三・一一の衝撃を受けたあと、持続可能な暮らし方について深く考えるようになると、そうした問題とつながって、縄文文化への興味も深まっていった。縄文人は、独特の土器や土偶の造形にあらわれているような、素晴らしい芸術的なセンスをもつだけでない。周囲の生態系に適度に手を加えて衣食住に必要な資源を得ながら、生態系の大きな破壊を起こすことなく、かなり大きな集落の定住生活を何代にも渡って維持していける、そうした知恵を彼らはもっていた。つまり、これからの時代の持続可能な暮らし方を探る上でも、縄文人から学ぶべき点が多いことがわかった。

織江さんは、多摩美術大学の絵画学科油絵専攻だったが、油絵から離れて、縄文のモチーフを取り込んださまざまな作品をつくるようになっていった。縄文土器の模様を平面デザインにしたパネル絵を描いたり、コースターなどの布製品に縄文の模様を染め出したりしている。


周囲の人たちが就職活動をはじめる頃になって、織江さんは、学芸員になることも考えた。しかし、文章を書くよりものづくりが好きなことと、専ら室内に閉じこもる仕事より、野外での活動の多い仕事をしたかったので、学芸員をめざすのはやめた。

大学院に進学するという選択肢もあったが、織江さんにとっての大学院として紅露工房の研修生になるという道を選ぶことになった。

紅露工房については、大学の授業で映像を見る機会があり、西表島の豊かな自然の中での自給的な暮らし方に憧れた。実際に紅露工房を訪ねて、研修生として受け入れてくれるようにお願いした。昭子さんの許可が出て、大学を卒業した年の五月から、西表島での暮らしがはじまった。

昭子さんは、織江さんが油絵専攻と聞いていたので、染織の仕事になじめるかどうかちょっと心配していたが、とても素直な性格で、何でもどんどん習得できることがわかって安心した。

織江さんは紅露工房での研修の間に、昭子さんから染織を学ぶとともに、島の暮らしを体験しながら、研修後の自分なりの暮らしと仕事のスタイルについて構想を練った。

そういう意味で、紅露工房での体験のうち、織江さんにとっていちばん触発的だったことのひとつは、海外から訪れた人たちとともに行うワークショップだった。なかでも、パラオから来た人とのワークショップが印象的だった。紅露工房の繊維素材や染料植物などを使って、お互いの手仕事の技を教え合うと、言葉はあまり通じなくても、すぐに心が通じ合うようになる。

こうした体験を通じて、織江さんは、自然素材や手仕事を仲立ちとした「諸文化の橋渡し」が、自分にとってのテーマのひとつであると考えるようになった。「異文化」ではなく「諸文化」という言葉を使うのは、西表島の暮らしの感覚からすると、アジアやオセアニアの各地の文化はそれ程隔たった文化ではなく、よく似た部分が多く、すぐに共感し合えるからだ。

織江さんは、フィリピンのパナイ島でのワークショップが終ったあと、二〇一七年八月半ばから十ヶ月間、国際交流基金の日本語パートナーズというプログラムでベトナムに行くことになっている。ベトナム人と日本人が互いの生活文化を学び合うという事業なので、織江さんがめざす「諸文化の橋渡し」に合致していると判断して、参加することにした。

ベトナムから山梨に戻ってからは、だんだんに「自給的な暮らし」の拠点づくりを進めるつもりだ。古民家を借りて、衣食の自然素材が手に入る環境を周囲につくっていく。繊維素材としては、生糸、和棉、苧麻、葛を考えている。染料植物は藍、桃、柿渋。食では、稲作や野菜づくりのほか、枯露柿もつくりたい。

織江さんの場合、「半農半X」のXは、「諸文化の橋渡し」の仕事と、縄文模様を取り込んだ作品などのものづくりだ。縄文模様の作品などは、縄文文化が好きな人たちに販売することも考えている。

ガンガ・マキ工房

祖母が暮らす山村へのラケッシュ君の想い

ガンガ（ganga）という美しい名前をもつ工房が、インド・ガンジス川の上流域のデラドンにつくられている。中心になっているのは、真木千秋さんとインド人の青年ラケッシュ・シン・コリ君（一九八五年生まれ）だ。この工房は、だんだんインド版の紅露工房ともいえる特徴をもつようになりつつある。紅露工房のように、さまざまな繊維素材と染料植物が手近なところにあり、それを使って多彩な糸づくりと染色、織りを試してみることができる環境が整いつつあるのだ。

シェフとして働いていたラケッシュ君は、千秋さんと知り合い、日本に来て、真木テキスタイル・スタジオの仕事を手伝うことになった。東京あきる野市の千秋さんの店では、ストールや衣、インテリアファブリックなどを紹介しており、その傍らに、ラケッシュ君がインド菜食ランチを出すようになった。

千秋さんは、年に何回か西表島の紅露工房に滞在して、昭子さんと仕事と暮らしをともにすることにしている。そんなときに、ラケッシュ君も一緒に連れていくこともあった。彼を気に入ったのか、金星さんがよく面倒を見てくれて、紅露の芋を掘りに裏山に連れて行ってくれたりした。

そういうことが重なるうちに、ラケッシュ君の胸の内で、千秋さんたちにとっては意外な夢がふくらんでいた。インドに戻って、彼の祖母が暮らす山村の手仕事を蘇らせる手伝いをしたいと言い出したのだ。インド風ロックが大好きな、現代っ子であるラケッシュ君が、心の内で、インドの山村の将来を憂いていたことを知って、千秋さんはとても感動した。そして、彼の夢の実現を支援できないかと本気で考えるようになった。

ラケッシュ君の祖母が暮らすマロラ村は、デリーから約二五〇ｋｍ北のデラドンから車で約三時間上った山岳地帯にある。車の通れる道からさらに細い険しい山道を四〇分ほど登らなければならない。最近まで電力がない暮らしで、便所もない。山にはヒョウが棲んでいたりするので、油断がならない。人々は、険しい斜面を拓いて段々畑をつくり、雑穀や野菜を栽培している。曾祖父の時代には、ここは雑穀、向こうの山はゴマというように、それぞれの地域の風土に合った作物を主につくり、物々交換をしていたのだという。

ラケッシュ君の両親は、山村からデリーに出て、苦労をして生計を立ててきた。デリーで生まれ育ったラケッシュ君は、子どもの頃、ときどき、祖父母と暮らしをともにする機会があった。そのときに経験した山村の暮らし――厳しいとともに自然の恵みを活かす知恵にあふれた暮らしが彼の心に強い印象を残した。

近代化が急速に進みつつあるインドでは、就業機会の乏しい山村部から都市部へとどんどん若者が流出する現象が起きている。しかし、一家の子どもたちがみな、都会に出てしまうことは少なく、子どものうち一人は、親とともに山村に留まり、村の暮らしを守ろうとしている点で、日本の山村の事情とは異なっている。五人子どもがいれば、四人は都会に出ても、一人は山村に残るといった具合だ。

そういう点では、村を維持しやすい条件があるわけだが、山村に残った若者にとっての大きな問題は、現金収入を得ることができる仕事を見つけにくいことだ。村に残っているラケッシュ君の従兄弟も、収入を得にくいことを嘆いているという。

こうした現状を知っているラケッシュ君が考えたのは、なんとかして、自然素材を活かして、村の仕事をつくり出すことができないか、ということだった。

千秋さんたちはラケッシュ君とともにマロラ村を訪ね、また彼の考えを聞いて、彼の願いを実現するためのプランを検討した。

いきなりマロラ村で事業を起こそうとしても、なかなか難しい。そこで、マロラ村とデリーの中間の山麓部に工房をつくり、面白い自然素材を探し、それを活かす実験的な試みを重ねていく。まず、そういう工房づくりから出発するという考え方をとることになった。工房の仕事がうまく回るようになれば、それとつなげて、マロラ村での事業のあり方も見えてくるだろう、という算段だ。こうした構想のもとに、二〇〇九年にデラドンにガンガ・マキ工房をつくることになり、千秋さんとパートナーの田中ぱるばさん、ラケッシュ君が役員となってインドの法人を設立した。

インドで紅露工房のような環境をつくる

千秋さんが経営する真木テキスタイル・スタジオは、一九九〇年から、インドや日本列島の優れた素材を活かした手仕事で、糸を紡ぎ、染め、暮らしを彩る布を織り、小物、服、インテリア用品をつくる仕事を続けてきた。長年の積み重ねで、インドと東京・あきる野の工房でつくった布や服を各地で販売する仕組みをもつようになっている。毎年、シーズンごとに、あきる野の直営店および各地のギャラリー、百貨店で展示会を開く活動を重ねてきた。そして、真木テキスタイルの仕事に触れるのを心待ちにしている、かなりの数の固定客ができている。

千秋さんにとっての一番の楽しみは、インドや日本の多様な種類のシルクや芭蕉や苧麻、羊毛など力強い繊維素材、それにさまざまな染料植物と出逢うことだ。例えば、面白い繊維素材と出逢うと、これを使ってどんな糸をつくろうか、他のどんな素材と組み合わせるのがよいだろうか——とさまざまなイメージがふくらんでいく。そして、実際に、さまざまな実験的な試みを重ねながら、作品づくりが具体化していく。

千秋さんが紅露工房に通い、昭子さんの教えを受けるようになってから、素材に対する感じ方がより深くなっていった。身近なところで自分で繊維植物や染料植物を栽培したり、蚕を飼ったりすることによって、素材に対する理解が深まり、素材の力を引き出す工夫の余地もずっと大きくなる。そういうことを強く感じるようになった。そこで、千秋さんのあきる野の工房でも、少しずつ、タデ藍など染料植物の栽培などをはじめていた。

そんな千秋さんにとって、ガンガ・マキ工房の設立は、紅露工房のような環境づくりを自分で本格的にはじめるちょうどよい機会となった。身近なところで、風土に合うさまざまな繊維植物や染料植物を栽培し、蚕を飼う。そして、採れた素材を活かす、糸づくり、染色、織りについて実験的な試みを重ねることができる環境を、だんだんにつくっていくことにした。

ガンガ・マキ工房では、身近なところで入手できる繊維素材のひとつは羊毛だ。工房の近くで、遊牧民や最近定住した遊牧民系の人たちが羊を飼っている。在来種とメリノ種の混血でヒマラヤ・ウールがとれる品種だという。羊たちは夏には標高三千mの高地に連れて行かれ、冬場にはガンガ工房の近くにおりてくる。千秋さんは、遊牧民系の人たちに頼んで、この羊の毛を糸に紡いでもらっている。

羊の中には、全身真っ黒な毛のものもいる。黒い羊毛は好まれないのか、食べられてしまうことが多いらしい。千秋さんは黒の羊毛も気に入っているので、大事に育てて毛を刈って欲しいと羊飼いの人たちに頼んでいる。

また、羊毛は地元のものだけでなく、ラダック地方のカシミアなども入手している。

千秋さんはずっと、インドの多様な絹に強く惹かれ続けてきた。真木テキスタイルのこれまでの仕事も、インドの野蚕（桑以外の葉を餌にする）の一種であるタッサーシルクの持ち味を活かすことをひとつの柱にしてきた。同じく野蚕のエリ蚕やムガ蚕も、とても面白い素材で、布づくりに取り入れてきた。家蚕（桑の葉を餌にする）では、ベンガル産の黄繭が気に入っている。小さな繭で、細く強い糸がとれる。

ガンガ・マキ工房のテーマは、千秋さんの興味をひく種々の素材を自分たちで育てられる環境を、徐々に整えていくことだ。養蚕では、桑を栽培し、まず黄繭の飼育をはじめている。また、工房の建築の仕事に携わっている職人さんの中に、エリ蚕を飼育する地方の人がいたので、指南役になってもらって、エリ蚕の養蚕にも着手している。エリ蚕にはヒマ（トウゴマ）の葉を餌として与える。

羊毛と生糸を混ぜた糸をつくるには、羊毛のカーディング（櫛でならして繊維の方向を揃える）の工程で、生糸を混ぜるのだという。

さらに、紅露工房の品種と同様の糸芭蕉の栽培もはじめた。風土が合っているのか、糸芭蕉は旺盛に育っている。二〇一八年二月に、はじめて芭蕉を倒し、苧（ウー）をとり、湿度の高いモンスーン中に糸にした。気候に合うようで、いい糸ができた。

染料植物では、紅露工房にもあるインド藍を栽培している。これも驚くほどよく育つ。そのほか、ヘナ、インド夜香木などの染料植物を育てている。インド夜香木はヨルソケイ（英名はナイト・ジャスミン）とも呼ばれ、この木は美しく、はかない花をつける。夕方になると白い花が開き、ほのかな香りがただよう。そして、花の中の花筒部の橙色が目をひく。ところが、翌朝になると花はみな落ちてしまうのだ。この花を集めて、染料をつくる。糸や布を紅露工房のフクギに似た、鮮やかな黄色に染めることができる。インド夜香木で染めた黄色の布に藍を重ねると、見たこともないような美しい黄緑色があらわれる。

千秋さんは昭子さんから、「有用植物（穀物、野菜、果樹、繊維植物、染料植物、蚕の餌、薬草など）を一〇〇種、植えなさい」といわれているのだという。だんだんと豊かな生態系ができていきそうだ。

ガンガ・マキ工房をはじめてから約6年が過ぎた。急速に近代化が進みつつあるインドの中で、この工房がどのような役割を果たせばいいのか、ぼんやりとだがその方向が見えはじめている。

最近まで、身近な自然素材を活かして必要なものを手づくりする、自給的な手仕事が代々受け継がれてきたが、近代化とともに、そうした技がどんどん忘れられていく。そういうことがインドでも起きはじめている。

ガンガ・マキ工房のまわりにいる人たちも、自給的な手仕事の経験や技をもっていても、それを人に知られないようにすることが多い。自分でつくるのは貧しさのせい、と思われがちだからだ。

そんな中で、高所得の国からやってきた千秋さんたちが、手の仕事を楽しげにやっているのを見て、だんだんに彼らのものの見方に変化が起きはじめている。実は、こういうことをやったことがある、こういうことができるといった話をする人がたくさん出てくるようになった。

そんな様子を見ながら千秋さんは、ガンガ・マキ工房の存在がまわりの人たちを刺激して、だんだんに自給的な手仕事の価値を再発見し、暮らしの中に蘇らせていってくれればいいと思っている。

ラケッシュ君は日本にやってきて、あきる野の工房や紅露工房の仕事を見るうちに、物の見方が変わってきた。自然素材を活かした手仕事の品が現代的な暮らしを豊かにすることを実感するようになった。そのために、彼と同世代の若者たちと比べて早く、インドでも手仕事の見直しが重要なことに気づいたのだと思われる。そうだとすると、今後、ラケッシュ君は、同世代の感度のいい若者たちに働きかけて、自然素材と手仕事の可能性に目を開かせる触媒の役割を果たしていくにちがいない。

真木テキスタイルでは、あきる野の工房でデザインする布をデリーのとある手織り工房で織ってもらっていたが、この機能もガンガ・マキ工房に統合した。ガンガ・マキ工房とあきる野の工房で、真木テキスタイルの糸づくり、染色、織り、縫製といった一連の作業を行うようになっている。そして、現状では、ガンガ・マキ工房でつくった製品はほとんど、日本国内の真木テキスタイルの販売網で売っている。しかし、今後はだんだんに、インドの中での販路を開拓していくことになるだろう。

ガンガ・マキ工房をはじめるそもそもの課題であるラケッシュ君の祖母が暮らすマロラ村での事業起こしについては、まだ具体化していないが、養蚕や染料植物の栽培の一部をマロラ村でやってもらうといった可能性を検討している。

さらに、ガンガ・マキ工房の試みがインド中に伝わるようになるとともに、自然素材を活かす手仕事の新たな可能性を追求しようする人たちとのつながりができ、水平的なネットワーク化が進んでいくことになるのではないか。ガンガ・マキ工房は、そうしたネットワークのひとつの要となっていければよいだろう。

そういう展開のきざしがすでに出てきている。アッサム地方のムガ蚕を仕事にしてきた家の後継者がガンガ・マキ工房を訪ねて来て、工房でやっていることを見て、とても感動した様子だったという。親は、彼が大学を卒業して近代的な職業につくことを望んだのかもしれない。しかし、本人は、従来どおりのやり方をしていたら、ムガ蚕の仕事が滅んでしまうという危機感をもっていて、一番やりたいのは、ムガ蚕の新しい道を探ることなのだという。

だんだんに、こういう志をもった若者たちとの出逢いが増えていけば、インドの中でのガンガ・マキ工房の役割は、おのずからはっきりしてくるのだと思える。

建築家ビジョイ・ジェインさんとの共同作業

二〇一三年から約四年間をかけて、ガンガ・マキ工房の空間づくりが、千秋さんとインド人建築家ビジョイ・ジェインさんの共同作業で行われてきた。ビジョイさんは、アメリカ、イギリスで建築を学んだあと、インドの故郷に戻り、スタジオ・ムンバイを設立した。ビジョイさんの考え方で特徴的なのは、木や石など伝統的な素材を扱う職人さんとの共同作業を重視すること、それぞれの地方で採れる自然素材を活かし、景観や風土に合った建物を工夫することなどだ。現代的な感覚と各地方の風土に根ざす伝統的素材やデザインを融合できる建築家として、世界的に知られるようになっている。

千秋さんが、工房建築の仕事をビジョイさんに依頼しようと思ったのは、ビジョイさんの仕事の仕方は、自分たちが布や衣づくりで試みてきたやり方と共通する点が多いと感じたからだ。

工房の立地条件は、ヒマラヤの山麓部で、山岳部からの流水に恵まれている。かつて果樹園だった土地で、近くには稲作の水田や小麦畑があり、それらが美しい森に囲まれている。千秋さんとビジョイさんは、こうした自然環境になじむとともに、季節ごとの気象のもとで、染めや織りなどの職人さんたちが快適に作業をできるには、どのようなプランがいいかを検討した。この地方では、冬はかなり寒く、夏はとても暑い。そして、モンスーンの季節には激しい雨が降る。こうした気象を考慮すると、織手たちが、気持ちのいい気候のときには外で作業でき、雨が降ったり、暑さ寒さが厳しいときには室内に避難できる、フレキシブルな作業環境が望ましい。そこで、真ん中の中庭的なスペースを織手たちの作業室が囲み、気持ちのいい天気のときには、すぐに作業室から道具を運びだせるようなレイアウトを選ぶことになった。

主な素材として、この地方でつくられるレンガ、石灰石、石材を使った。

二〇一八年二月、金星さん、昭子さん夫妻が、完成したガンガ・マキ工房に招かれ、工房の農園で育った糸芭蕉から糸をつくる作業を工房のスタッフたちに伝授した。北インドのヒマラヤ山麓で元気よく育っている糸芭蕉と対面できたことは、昭子さんにとって、とても感慨深かった。この項の結びに、インドから戻ってから、昭子さんが書いてくださった旅の感想を紹介することにする。

「タゴールとガンジーを生んだ国インドは、わたしにとって途方もなく遠く憧れの国であった。そのインドの大地を踏むことになったのは思いもよらない糸芭蕉の縁であった。

ガンガ・マキ工房とスタッフ

西表島と同種の糸芭蕉の木を前にして（左から）真木千秋さん・昭子さん・金星さん

真木千秋さんと建物を設計したビジョイさん

真木千秋、真砂三千代との三人コラボによる真南風（マーパイ）の制作がいつの間にか二〇年になった。千秋はその間せっせとインドに通いながら、西表では素材の豊かさを学んだ。そしてついに、芭蕉、藍、月桃などを植えて、ガンガ・マキ工房を完成させた。その広大な遺跡のような建築物の敷地に、西表と同じ糸芭蕉が熟成したというのは、信じ難いことであったが、その成長した植物たちとの面会が今回のインドへの旅の動機となった。

暖かい日ざしの中で見事な緑葉をたたえスラッと伸びきった糸芭蕉はみずみずしく美しい糸を育んでいたのだ。工房のスタッフに糸づくりの工程を一から伝授したが、彼らの見事な手さばきにいちいち感動！　織師や染師たちは、苧（ウー）績みまでの作業を難なくこなした。沖縄だけの芭蕉布がやがてガンガ芭蕉布なる見事な布を生むやもという思いが、ふとよぎった瞬間であった。

数日のガンガ・マキ工房滞在中、わたしたちは現地の暮らしに触れ、衣・食・住が完璧に整った場の快適さを満喫させてもらった。

工房スタッフの流れるような仕事の動線を見て、ものが生まれる背景、つくられていくプロセスが場の美しさをつくり、また、職人たちの意欲と手仕事のプライドにも繋がっているのではと感じた。ここまで完成をみた今、真木千秋の感性とエネルギーにあらためて感心するし、達成感もあるだろうが、ここで気を緩めることなく、更なる展開を思い巡らしている。しかし、なんといっても一番の驚きは、それぞれに仕事をしている人たちが生き生きと働いていること、与えられた場の環境で人の感覚も変わっていくものかも知れないと感じた。理想的な建物の中に魂を込めていくのは、インドの職人たちなのであろう。

祈りのある暮らしと手仕事の場が完璧につくられているガンガ・マキ・テキスタイルスタジオには、インドの歴史と伝統に根ざすチャルカの思想を実感する。ここで生まれる布たちには多くのメッセージが含まれており、今後、それが世界へと発信されていくものと確信する。

真にモノ創りする人にとってのユートピアであった。」

あとがき

今年、わたしは八十路を迎えた。

人生の峠をゆるゆると降りていきながら現役をまっとうしたいと思っている。

原野を切り拓き、工房らしき自分の居場所をこしらえながら、さまざまなジャンルの人たちとの出逢いで日々発想と発見が繋がり今に至った。

布をつくるコトが特別なコトではない時代、日常で女の役目であった布づくりは祖母との島での暮らしが原点といえる。わたしの幼児体験の中には沖縄戦の記憶が秘められている。母の手をにぎりしめ地上戦をくぐり抜け、生きていたコトが奇跡といえる。裸のまま祖母たちの住む、生まれ島の竹富島にたどりつく。小学校へ入学するが紙も鉛筆もない、白砂の上に指先で文字書きを覚えた幼少の頃。サラサラと指間からこぼれおちていく砂の感触が今も忘れられない。

糸に触れる指先と布への感触は、手の記憶として自然発生的な感覚となっている。人は誕生するとおくるみに包まれ、あの世へ行くときも白い麻布に包まれる。嫁ぐ日には白無垢で、日常から儀礼まで布の世界は限りない。人生の節目に衣はつきもの。これが普通の暮らしである。

たいした苦労もなく、それなりの島の暮らしに根づこうとしたとき、故郷の竹富島ではなく、今の地、西表島に流れ着く。海山を自分の庭のように熟知し、わたしの手足となって黙々とコトを進めてくれる伴侶、石垣金星のブレない思考と実践力で工房の型が定まってきた。賛同の声と若い研修生の視点に触発され、布の世界が変容しながら島を越え徐々に輪が広がってきた。二〇数年来の「真南風（マーパイ）」ブランドは真木千秋のエネルギーと真砂三千代の感性に助けられ三つの魂が寄り添うように目線が一致し、気が流れ出した。

この春、わたしたちは千秋さんが最近つくったインドのガンガ・マキ工房を訪ね、工房の建築家ムンバイのビジョイ氏に会った。さらに今度は千秋さん、三千代さんと一緒にビジョイ氏が紅露工房に来てくださった。ここの環境と仕事のあり方は彼の心に深く響くものがあったようだ。これから何かがはじまりそうな予感がしている。

これまで長きに渡り、逐次わたしたちの仕事の行方を見据えてくださっていた需要研究所の山本眞人さんの執筆は緻密な分析と多くの問題意識に富み、次世代の若者への指針になるコトと思う。また、わたしの仕事の記録を快く提供してくださった宮崎雅子さんとのご縁にも感謝している。

この三〇余年の間、工房で研修を試みた若い人は数えきれないが、島での体験をもとにそれぞれ自分の世界を発見して粘っているようである。

わたしの恩師である志村ふくみは九〇歳にしてアルスシムラ芸術学校を立ち上げ、その使命感にいたく感動!! この先への刺激と展望を湧き立たせてくれた。糸のつながりは無限だし布づくりの道に終わりはないが、この世界にあること、この場に根をおろしたことを幸せに思う日々が続いている。

平成三〇年十月一日

石垣昭子

石垣昭子年譜

1938 年	沖縄県竹富島生まれ
1959 年	女子美術短期大学服飾科 卒業
1970 年	京都にて志村ふくみ氏に師事
1980 年	西表島に紅露工房を開設
1984 年	アミコファッションズ企画「着るものを考える会」出展
1986 年	布の市（ヌヌヌ市)」出展
	「デンマーク日本染織工芸展」出展
1988 年	「布との対話“ファブリケーション（ファブリック＋コミュニケーション)」出展
	竹富町織物協同組合設立
1989 年	沖縄テキスタイル研究会結成
	「鯨岡阿美子先生を偲ぶ染織展」出展
1992 年	三宅一生 出前講演会シリーズ第 4 回「西表島・石垣昭子さんの織物を見、語り合う会―石垣昭子さん、アマンダ・メイヤー・スティンカムさん（ニューヨークより）を迎えて―」に参加
	「沖縄八重山の唄と踊りと染織」出展
1993 年	「日本民芸館展」出展
	オキナワ・テキスタイル開発プロジェクトの一環として、インドネシアを訪問
1994 年	「木・糸・土に棲まう現代の道具展」出展
	「第 6 回ファブリケーション」出展
1996 年	「糸・布・衣―新しい沖縄のテキスタイル展―」出展
	「アジア染織文化の OLD & NEW」出展
	「布と形展」出展
	「原口理恵基金・ミモザ賞（真のファッションを陰で支える担い手に表彰)」受賞
1998 年	「真南風（マーパイ)」を発表
	(現代に生きる衣を目指した、真木千秋（テキスタイルデザイナー)、真砂三千代（服飾デザイナー）とのコラボレーションブランド)
1999 年	ニューヨーク近代美術館（MOMA）にて「現代日本のテキスタイル展」出展
2000 年	西表手仕事センター（竹富町織物協同作業施設）を設立。後進の指導に当たる
	「美の世界」(日本テレビ）出演
2004 年	龍村仁監督のドキュメンタリー映画「地球交響曲第 5 番」出演
2009 年	茂木綾子監督のドキュメンタリー映画「島の色、静かな声」出演
2017 年	Jill Coulon、Isabelle Depuy-Chavanat のドキュメンタリー映画「AU FIL DU MONDE -JAPON-」出演（フランス国営テレビにて放映)

謝辞

たくさんの方々のお力添えで、ようやくこの本の出版まで、漕ぎつけることができました。

紅露工房の写真を提供してくださった写真家の宮崎雅子さん。

インタビューに応じてくださった真木千秋さん、真砂三千代さん、鷲野宏さん、鷲野陽子さん、伊藤徹さん、櫛原織江さん。

由良の森の取材をしていただいた永野聖美さん、ピラチカ養蚕の写真を編集してくださった岡崎愛さん。

原稿をチェックしてくださった石垣金星さん、いろいろ助言をいただいた村山道宣さん、橘川幸夫さん、沖本幸子さん。

出版を引き受けてくださった地湧社・増田圭一郎さん、装幀をしてくだった岡本健さん、DTP作業をしてくださった井内秀明さん。

みなさん、ありがとうございました。

二〇一八年　十一月　山本　眞人

参考文献

・石垣市史編纂委員会『石垣市史　民俗・上』一九九四年　石垣市
・田中俊雄・田中玲子著、柳悦孝監修『沖縄織物の研究』一九七六年　紫紅社
・柳宗悦『工藝の道』二〇〇五年　講談社学術文庫
・『染織の美・一八』特集沖縄の織物　一九八二年　京都書院
・志村ふくみ『一色一生』一九八二年　求龍堂
・森本紀久男『カンボジア絹絣の世界　アンコールの森によみがえる村』二〇〇八年　NHKブックス
・山田雪子述、安渓貴子・安渓遊地編『西表島に生きる　おばあちゃんの自然生活誌』一九九二年　ひるぎ社
・小田切徳美『農山村は消滅しない』二〇一四年　岩波新書
・ゆらの『由良野の森』二〇〇八年　創風社出版
・Christopher Alexander The Nature of Order --An Essay on the Art of Building and The Nature of

Universe , Book 1-4 , The Center for Environmental Structure , 2002-2004

・クリストファー・アレグザンダー『時を超えた建設の道』平田翰那訳、一九九三年　鹿島出版会、

・Patricia H.Longstaff , Nicholas J. Armstrong, Keli Perrin, Whitney May Parker and Matthew A. Hidek Building Resilient Communities: A Prelimminary Framework for Assement Homeland Security Affairs ,2008

著者プロフィール

石垣昭子（いしがき　あきこ）

1938 年　沖縄県竹富島生まれ
1959 年　女子美術短期大学服飾科卒業
1970 年　京都で志村ふくみ氏に師事
1980 年　西表島に紅露工房を石垣金星とともに開設
1996 年　「原口理恵基金・ミモザ賞 (真のファッションを陰で支える担い手を表彰)」受賞
1998 年　真木千秋、真砂三千代とともに真南風 (マーパイ) 展を開催
1999 年　ニューヨーク近代美術館 (MOMA) にて「現代日本のテキスタイル展」出展
2004 年　龍村仁監督のドキュメンタリー映画「地球交響曲第 5 番」出演
2009 年　茂木綾子監督のドキュメンター映画「島の色、静かな声」出演
2017 年　Jill Coulon、Isabelle Depuy-Chavanat のドキュメンタリー映画「AU FIL DU MONDE -JAPON-」出演（フランス国営テレビにて放映）

山本眞人（やまもと　まひと）

1947 年　長野県生まれ
1971 年　需要研究所入所
1995 年　需要研究所代表取締役

主な著作物
1982 年　『都市型中小企業の新展開』(清成忠男氏他との共著、日本経済新聞社)
1987 年　「若者の考え方と行動」(総合研究開発機構『1990 年代日本の課題』第 25 章)
1992 年　石垣市「石垣市の産業・流通・交流発展のために」フィールドワーク / 報告書執筆
1996 年　ウェブサイト「宮沢賢治の宇宙」編集長
1999 年　『インターネット共創社会－野のネットワークに向けて』(光芒社)
2011 年　『宇宙卵を抱く－ 21 世紀思考の可能性』(BMFT 出版部)

西表島・紅露工房シンフォニー

自然共生型暮らし・文化再生の先行モデル

2019年3月1日　初版発行

著　者　　石垣昭子＋山本眞人　©

発行人　　増田圭一郎

発行所　　株式会社　地（ち）　湧（ゆう）　社
東京都港区北青山1－5－12－501　（〒107-0061）
電　話　03-3258-1251　　郵便振替　00120-5-36341

装幀　　岡本 健
印刷所　　中央精版印刷株式会社

2019 Printed in Japan
ISBN 978-4-88503-254-7 C0061 Y2000E

アネサラ シネウプソロ
アイヌとして生きた遠山サキの生涯
遠山サキ語り／弓野恵子聞き書き

北海道浦河町の姉茶で生まれ育った、アイヌのフチ、遠山サキ。生きていくことさえ大変な時代をくぐり抜け、アイヌとしてその土地に生まれ、その土地で生きてきた体験を語りおろす。

四六判並製

ガンジー・自立の思想
自分の手で紡ぐ未来
M.K.ガンジー著／田畑 健編／片山佳代子訳

近代文明の正体を見抜き真の豊かさを論じた独特の文明論をはじめ、チャルカ（糸車）の思想、手織布の経済学など、ガンジーの生き方の根幹をなす思想とその実現への具体的プログラムを編む。

四六判並製

共鳴力
ダイバーシティが生み出す新得共働学舎の奇跡
宮嶋望著

北海道新得町で、心身に障がいをもつ人たちを含む人たちと共に、酪農を中心としたコミュニティを主宰する著者。人と人、人と自然が互いに共鳴し合い、すべてを排除せずに共存する場がある。

四六判並製

アルケミスト
夢を旅した少年
パウロ・コエーリョ著／山川紘矢・亜希子訳

スペインの羊飼いの少年が、夢で見た宝物を探してエジプトへ渡り、砂漠で錬金術師の弟子となる。宝探しの旅はいつしか自己探究の旅となって……。ブラジル生まれのスピリチュアル・ノベルの名作。

四六判上製

木とつきあう智恵
エルヴィン・トーマ著／宮下智恵子訳

新月の直前に伐った木は腐りにくく、くるいがないので化学物質づけにする必要がない。伝統的な智恵を生かす自然の摂理にそった木とのつきあい方を説くと共に、新月の木の加工・活用法を解説。

四六判上製